电网设备材料检测技术

总主编　骆国防

电网设备厚度测量技术与应用

主　编　骆国防

副主编　林光辉　黄兴德　岳贤强　王海斌　张武能

上海交通大学出版社

SHANGHAI JIAO TONG UNIVERSITY PRESS

内容提要

《电网设备厚度测量技术与应用》一书共 7 章,主要内容包括厚度测量概述、超声法测厚技术、射线法测厚技术、涡流法测厚技术、磁性法测厚技术、太赫兹波测厚技术及其他覆盖层测厚技术(如横断面显微法测厚技术、称量法测厚技术)。

本书着重从目前电网行业中各种厚度测量方法的检测原理、检测设备及器材、检测工艺、典型案例等方面进行全面而系统的讲解。本书知识覆盖面广,通俗易懂,实用性强。本书可供电力系统从事厚度测量的工程技术人员和管理人员学习及培训使用,也可供其他行业从事厚度测量工作的相关人员、大专院校相关专业的广大师生阅读参考。

图书在版编目(CIP)数据

电网设备厚度测量技术与应用/骆国防主编. 一上海:上海交通大学出版社,2023.7
ISBN 978 - 7 - 313 - 28968 - 1

Ⅰ.①电… Ⅱ.①骆… Ⅲ.①电网-电气设备-厚度-测量技术 Ⅳ.①TM7

中国国家版本馆 CIP 数据核字(2023)第 116254 号

电网设备厚度测量技术与应用
DIANWANG SHEBEI HOUDU CELIANG JISHU YU YINGYONG

主　编:骆国防

出版发行:上海交通大学出版社　　　　　　地　　址:上海市番禺路 951 号
邮政编码:200030　　　　　　　　　　　　电　　话:021 - 64071208
印　制:上海景条印刷有限公司　　　　　　经　　销:全国新华书店
开　本:710mm×1000mm　1/16　　　　　　印　　张:15.25
字　数:296 千字
版　次:2023 年 7 月第 1 版　　　　　　　　印　　次:2023 年 7 月第 1 次印刷
书　号:ISBN 978 - 7 - 313 - 28968 - 1
定　价:78.00 元

《电网设备厚度测量技术与应用》
编委会

前　　言

　　无损检测是在现代科学基础上产生和发展的检测技术,是指在不损坏检测对象的前提下,以物理或化学方法为手段,借助一定的设备器材,按照规定的技术要求,对检测对象的内部及表面的结构、性质或状态进行检查和测试,并对结果进行分析和评价。根据检测原理、检测方式和信息处理技术的不同,无损检测有多种分类,除了比较常见的射线检测、超声检测、磁粉检测、渗透检测、涡流检测这五大常规检测方法外,还有厚度测量、目视检测及太赫兹波检测等。其中,根据所能检测缺陷的位置,又可把磁粉检测、渗透检测、涡流检测、目视检测等统称为表面检测。随着科技水平的不断发展,每种检测方法又衍生和发展出来一些新的检测技术,如厚度测量,除了超声法测厚(常用的是脉冲法超声测厚)外,还有射线法测厚、涡流法测厚、磁性法测厚、太赫兹波测厚等,并在电网不同设备如户外密闭箱体、隔离开关、开关柜、变电站接地装置、紧固件、电力电缆、地脚螺栓及螺母、输电线路铁塔、导线及变电站绝缘部件等中得到了比较广泛和成熟的应用。

　　为了更好开展电网设备金属及材料专业工作,我们于2019—2024年连续6年组织电网系统内、外的权威专家,全专业、成体系、多角度架构和编写了电网设备金属及材料检测技术方面的系列书籍:《电网设备金属材料检测技术基础》《电网设备金属检测实用技术》《电网设备超声检测技术与应用》《电网设备射线检测技术与应用》《电网设备表面检测技术与应用》《电网设备厚度测量技术与应用》《电网设备太赫兹检测技术与应用》。其中,《电网设备金属材料检测技术基础》是系列书籍的理论基础,由上海交通大学出版社出版,全书共8章,包括电网设备概述、材料学基础、焊接技术、缺陷种类及形成、理化检验、无损检测、腐蚀检测及表面防护、失效分析;《电网设备金属检测实用技术》则是《电网设备金属材料检测技术基础》中所讲解的"理化检验、无损检测、腐蚀检测及表面防护"等检测方法、检测技术总揽,由中国电力出版社出版,全书共15章,包括电网设备金属技术监督概述及光谱检测、金相检测、力学性能检测、硬度检测、射线检测、超声检测、磁粉检测、渗透检测、涡流检测、厚度测量、盐雾试验、晶间(剥层)腐蚀试验、应力腐蚀试验、涂层性能检测这14大类金属材料检测实用技术。

《电网设备厚度测量技术与应用》作为详细阐释《电网设备金属检测实用技术》中14大类金属材料检测技术之一的厚度测量技术专业书籍,由上海交通大学出版社出版,全书共7章,包括厚度测量概述、超声法测厚技术、射线法测厚技术、涡流法测厚技术、磁性法测厚技术、太赫兹波测厚技术及其他覆层测厚技术(如横断面显微法测厚技术、称量法测厚技术)等内容。本书在讲解各种厚度测量技术基本知识、检测设备及器材的基础上,结合电网设备厚度测量技术及应用特点,对厚度测量的流程(即通用检测工艺)进行了规范、统一,并辅以实际典型案例进行讲解,进一步提高专业技术人员的实际操作水平和对缺陷的判断、分析能力。

本书由国网上海市电力公司电力科学研究院高级工程师骆国防担任主编并负责全书的编写、统稿、审核,武汉中科创新技术股份有限公司高级工程师林光辉、国网上海市电力公司高级工程师黄兴德、江苏方天电力技术有限公司高级工程师岳贤强、上海斌瑞检测技术服务有限公司高级工程师王海斌、国网河南省电力公司电力科学研究院高级工程师张武能共同担任副主编。本书第1章厚度测量概述,由骆国防、岳贤强及国网智能电网研究院有限公司郝文魁、张强编写;第2章超声法测厚技术,由骆国防、武汉大学张俊、林光辉、云南电网有限责任公司电力科学研究院虞鸿江编写;第3章射线法测厚技术,由国网山东省电力公司电力科学研究院胡新芳及张鸿武、骆国防、岳贤强编写;第4章涡流法测厚技术,由张武能、骆国防、国网安徽省电力有限公司电力科学研究院缪春辉编写;第5章磁性法测厚技术,由张武能、骆国防、黄兴德编写；第6章太赫兹波测厚技术，由重庆大学成立及张腾翼、骆国防编写；第7章其他覆盖层测厚技术，由胡新芳、岳贤强、骆国防、张鸿武编写。

本书在撰写过程中参考了大量文献及相关标准，在此对其作者表示衷心感谢，同时也感谢上海交通大学出版社和编者所在单位给与的大力支持。

限于时间和作者水平，书中不足之处，敬请各位同行和读者批评指正。

国网上海电力公司电力科学研究院　　骆国防
华东电力试验研究院有限公司
2022年11月于上海

目　　录

第 1 章　厚度测量概述

1.1　厚度测量的发展历程

厚度测量,即常说的测厚,是指利用不同原理制造的仪器来测量物体厚度的一种检测方法。最早的厚度测量是利用直尺、卡尺、测厚表、螺旋测微器、游标卡尺等比较简单的仪器来实现的,其适用对象、范围和功能都有一定的限制,不能完全满足社会发展和现代工程技术厚度测量的需要。随着科技水平的不断发展,厚度测量技术也发展出测量工件或材料的本体厚度和测量工件或材料表面覆层厚度等两大系列厚度测量技术,比如除了电网设备现场常用的超声法、射线法、涡流法、磁性法、太赫兹法等厚度测量技术外,还有在实验室常用的阳极溶解库仑法、横断面显微法、轮廓仪(触针)法、称量法、电阻法等其他的厚度测量技术。电网设备覆盖层厚度常用的仲裁方法是横断面显微法和称量法。

1.1.1　超声法测厚技术

根据超声波的激励和接受特性,常见的超声法测厚技术主要包括压电式超声测厚技术、电磁超声测厚技术、激光超声测厚技术等。其中,压电式超声测厚技术根据其测厚原理的不同,又可分为脉冲反射法、共振法及兰姆波法等。本章主要介绍压电式超声测厚技术中最常用的脉冲反射超声测厚技术。

1. 脉冲反射超声测厚技术

压电超声技术可以追溯到 19 世纪 80 年代。1880 年皮埃尔·居里(P. Curie)和雅克·居里(J. Curie)发现了压电效应和逆压电效应。1912 年,L. Richardson 基于超声波的概念发明了回声定位器,用于导航和检测水中物体。1916 年,皮埃尔·居里的学生保罗·朗之万提出利用压电石英获得超短弹性波(超声波)的方法,制造了最早的声呐,用于探测潜艇并根据其回声确定位置。1927 年苏联科学家 C. Я. 索科诺夫发现超声波具有穿入金属材料的特性,并于 1928 年将超声波用在金属制品内部缺陷检测。1940 年 5 月费尔斯通(F. A. Firestone)发明了第一种实用的超声波检测方法和设备,并申请了名为"探伤装置和测量仪器"的专利。1946 年,泰克公司(Tektronix)创始人 C. H. Vollum 和 M. J. Murdock 发布了世界上第一台商用示波器,奠定了近代示波器的基础,而示波器的发展进一步推动了超声测厚技术和设备的发展进程。

20 世纪 50 年代国内外超声波测厚仪发展迅速,如英国 Dawe 公司的 1108C Visigage、美国 Branson 公司的 Audigage 和 Vidigage 共振式测厚仪,国内的沈阳化工研究院与辽阳无线电厂生产的 CH - 1 型测厚仪等。1964 年,上海中原电器厂生产的 CCH - J - 1 型脉冲反射式超声波测厚仪,实现全部晶体管化,可随身携带,数据直读,测量范围更是达到 4.0~26 mm。

近年来,随着压电传感器、集成电路技术及显示技术的发展,超声测厚仪不仅轻便小巧、精度高、测量范围覆盖广,而且分类也更加细化,比如,根据晶片数量分为单晶、双晶探头;根据接触方式可分为接触式和水浸式;根据探头形状分为常规直探头、笔式探头、轮式探头;根据有无延迟块分为带延迟块探头和无延迟块探头等,并且还可以根据不同的检测需求进行定制。目前,国内外知名超声测厚仪生产厂家有武汉中科创新技术股份有限公司、奥林巴斯公司(Olympus Corporation)、德国卡尔德意志检测仪器设备有限公司(Karl Deutsch)等,其探头测厚频率一般为 0.5~20 MHz,精度为 0.001 mm,测量范围从 0.013 mm 到数米。

2. 电磁超声测厚技术

1820 年奥斯特(H. C. Oersted)发现电流磁效应,即通电导体附近存在磁场。1831 年,法拉第(M. Faraday)发现了磁与电之间的相互联系和转化关系——电磁感应效应,即只要穿过闭合电路的磁通量发生变化,闭合电路中就会产生感应电流,这种磁场和电流相互转化的效应奠定了电磁超声测厚的基础。1834 年由海因里希·楞次(H. F. E. Lenz)发现的楞次定律,提供了感应电动势的方向及产生感应电动势的电流方向。1862 年,英国物理学家麦克斯韦(J. C. Maxwell)发表了论文"论物理力线",引出了位移电流的概念,指出变化的电场也能产生磁场。

20 世纪 60 年代开始,科研人员发现通过电磁相互作用可以在金属材料中激发出声波,从此开始了电磁超声测厚和无损检测方面的系列研究。早期的研究主要集中在电磁超声换能器原理及理论方面,如 R. Araki 研究了电磁超声接收器的灵敏度,并给出获得高灵敏度的条件;Y. Sazonov 进行了电磁超声换能器的理论计算,给出了非接触激励和接收的换能器的结构并进行了实验。此后,研究人员将电磁超声技术用于材料厚度测量,1970 年 J. Shcarlet 使用正弦脉冲电流激励电磁超声换能器来进行金属材料厚度测量,1981 年 M. P. Dolbey 将电磁超声技术用于锅炉管材和板材的厚度评估。由于电磁超声与被测工件非接触的特性,电磁超声测厚技术逐渐用于高温环境下材料厚度测量,1989 年 M. Sato 设计的耐热电磁超声测厚设备能够在 300 ℃下工作,测量范围为 $4 \sim 12\,mm$,精度为 $\pm 0.3\,mm$。电磁超声测厚技术在高温环境下具有不可替代的优势,目前,研究人员经过改进传感器结构、提高信噪比后,该技术可在 $900\,℃$ 高温环境下对不锈钢和低碳钢材料设备的壁厚进行电磁超声测量。另外,电磁超声共振测厚技术还可以用于在役设备厚度的长期监测。

国内关于电磁超声测厚和无损检测的研究起步较晚,机械工业部长春试验机研究所在 20 世纪 90 年代研发了 CSS-133 型高温电磁测厚仪,实现了 $500 \sim 600\,℃$ 的高温表面测厚,测量范围为 $4.0 \sim 100\,mm$,误差在 $0.3\,mm$ 以内。1997 年辽宁省营口市北方检测设备有限公司与北京钢铁研究总院合作设计的大口径无缝钢管电磁超声探伤设备通过鉴定验收。

经过近六十年的发展,国内外电磁超声测厚仪器已非常成熟,比如武汉中科创新技术股份有限公司生产的 HS F91 型电磁超声测厚仪,测量方式就有脉冲反射法和共振法,测量温度可高达 $900\,℃$,测量精度 $0.01\,mm$,且具有高温声速补偿功能来减小测量误差。

3. 激光超声测厚技术

1917 年,爱因斯坦提出受激辐射理论,奠定了激光的理论基础。1958 年激光之父查尔斯·哈德·汤斯(C. H. Townes)及其学生阿瑟·伦纳德·肖洛(A. L. Schawlow)制造了世界上第一台微波激射器,并提出了"激光原理"。1960 年美国加州 Hughes 实验室的西奥多·梅曼(T. Maiman)制造了第一台可运行的激光设备,激发出 $0.694\,3\,\mu m$ 的激光。同年,苏联科学家尼古拉·巴索夫(N. Basov)发明了半导体激光器。

1963 年 R. M. White 等提出利用脉冲激光在固体中激发超声波的理论,并利用热传导方程和弹性波方程分析激光能量和超声波幅值的关系,解释了弹性介质中超声纵波的激发原理。1981 年,A. M. Aindow 等人采用激光激励的方式在自由金属表面激发了脉冲超声波。1984 年,V. I. Arkhipov 等人首次利用红宝石激光器进行了材料检测,在试样中激励出超声纵波,通过测量纵波在试样中的传播时间实现检测。1990 年,C. B. Scruby 等人对激光在金属中产生的超声信号进行了定量的测量,对激光超声中的热弹激发现象采用面内正交力偶模型进行建模,为激光激励超声波的理论奠定了基础。

激光超声技术用于厚度测量的最早报道是 1976 年,A. N. Bondarenko 等人在厚度约 $1\,mm$ 的钢板同侧激发和接收超声波,测量脉冲回波间隔,根据钢板声速得到板材厚度。1984 年,A. C. Tam 等人测量了微米级别钢箔的厚度,采用脉冲宽度为 $0.5\,ns$ 的氮分子激光在钢箔中激发超声并测量厚度,经试验验证可检测的最薄样品厚度约 $12.57\,\mu m$,误差约为 1%。1987 年德国 Keck 等人利用准分子激光器作为超声波激发源,对温度为 $1\,200\,℃$、运动速度为 $2.0\,m/s$ 的热轧钢管进行在线检测,测量范围为 15~25 mm。

近年来随着激光超声技术的发展，检测设备逐步趋向智能化、小型化和自动化，检测对象也不仅限于测厚，还可用于管道腐蚀检测、螺纹缺陷检测、复合材料厚度和孔隙率检测、热轧钢在线检测、涂层厚度和缺陷检测等。

1.1.2 射线法测厚技术

射线法测厚技术包括 X 射线荧光法测厚技术和辐射法测厚技术。

1. X 射线荧光法测厚技术

1895 年德国物理学家威廉·康拉德·伦琴（W. C. Rontgen）发现了 X 射线，从此开启了射线的系列研究和应用。1909 年，英国物理学家查尔斯·格洛弗·巴克拉（C. G. Barkla）发现了从样品中辐射出来的 X 射线与样品相对原子质量之间的联系，即元素发出的 X 射线辐射都具有与该元素有关的特征谱线（也称为标识谱线），他首次证明了 X 射线的二次辐射具有两种成分，一种是被散射的 X 射线未经改变的部分，另一种是因物质而异的荧光辐射。1913 年，亨利·莫斯莱（H. G. J. Moseley）发现了一系列元素的标识谱线（特征谱线）与该元素的原子序数存在一定的关系，为 X 射线荧光检测技术打下理论基础。1948 年，H. Friedman 和 L. S. Birks 建立起第一台 X 射线荧光光谱仪。

1974 年，H. Ebel 等人首先使用 X 射线荧光分析技术测量涂层的绝对厚度，但使用初级辐射的平均能量作为初始能量简化计算的方式使得检测结果不够精确。1976 年，美国橡树岭国家实验室采用了高强度 X 射线机获得高能射线，并经过二次靶和滤光系统，得到了单色初级辐射源，提高了薄膜厚度测量精度。1977 年，美国贝尔实验室和 Bendix 实验室也做了类似工作。同年，美国 IBM 实验室使用 X 射线机产生的连续能谱，通过专用程序计算机和波长色散 X 荧光光谱仪，对纯元素的薄层厚度进行了绝对测量。1979 年，美国材料和测试委员会采纳 X 射线荧光测厚作为一种标准测试方法，80 年代初，日本、美国、西德等国家相继推出了测量技术先进、且能测量多种涂层厚度的微小面积 X 射线荧光涂层厚度计。

国内关于 X 射线荧光测厚的起步较晚，且受限于技术、成本等因素，多采用放射性物质作为初级辐射源。1982 年，中国科学院上海原子核研究所推导了 X 射线荧光测厚的计算薄层厚度的公式，考虑初级辐射（放射性物质）中各种谱线的贡献，只要知道各谱线的能量和相对强度就可以计算出薄层厚度，应用该技术先后测量了硅片、光学玻璃和涤纶膜基片上的蒸金、铂、钼层和无衬底钴、镍薄膜的厚度，测量误差为 1.1%~3.8%。1984 年，该所研制了 YH-84 型 X 射线荧光涂层测厚仪，但要求测量面直径为数毫米，且只能用于测量直径小于 1 mm 的样品，2 年后又研制了 XYH-86 型小面积 X 射线荧光涂层测厚仪，最小测量面直径达到 0.1 mm，具有单涂层、复合双涂层测厚功能。

近年来,X 射线荧光光谱仪不仅可以做到手持式,还可以测量多种涂层厚度。目前比较有名的 X 射线荧光光谱仪生产厂家包括布鲁克集团公司、株式会社日立制作所、菲希尔仪器有限公司(Fischer)、赛默飞世尔科技有限公司等。

2. 辐射法测厚技术

为了探测射线,1911 年卢瑟福利用硫化锌荧光片测量 α 粒子被金箔的散射情况,从而提出了原子的有核模型,这是闪烁计数器的雏形,但该探测器只能利用肉眼观察荧光次数和亮度,不能定量分析射线强度。从 1920 年起,德国物理学家盖革(H. W. Geiger)和米勒(E. W. Muller)对计数器(即盖革-米勒计数器)做了许多改进,其灵敏度得到很大提高。射线探测器的发展为精确测定射线强度衰减提供了可能,更为将射线用于材料厚度的测量奠定了基础。

在射线测厚工业应用方面,该技术早期多用于冷轧钢带的厚度检测,早在 1949 年,美、英等国家开始应用 β 射线测量冷轧钢带的厚度。美国更是最早应用同位素测厚仪的国家,截至 1959 年就有 300 多家企业采用了同位素测厚仪。早期的辐射测厚仪采用 ^{90}Sr 作为 γ 辐射源,采用电离室接收器,测量范围:钢板为 $0\sim0.75\,mm$、铝板为 $0\sim2.25\,mm$,精度为 ±2%,工件运动最大允许速度为 15 m/s。

采用 γ 放射源的测厚技术除了辐射安全问题外,还存在射线强度不能调节、信噪比低等问题,无法利用同一个放射源测量微米级到毫米级板材的厚度。而 X 射线具有能量可调、信噪比高的优点,因此,随着技术发展,基于 X 射线技术的测厚技术在更多领域,如冶金、造纸、橡胶、纺织、塑料、化工等行业都得到了较为广泛的应用。

美国是最先研制 X 射线测厚仪的国家。早期由于管电压、管电流不稳定,测量稳定性和精确度难以保障,因此,通常采用双射线源的方式,即两台射线机保持管电流一致,一台测量标准样片、一台测量被检工件。1948 年,W. N. Lundahl 设计的双源 X 射线测厚仪测量范围可达 $0.12\sim5\,mm$,1968 年,M. J. Kramer 等人研制出具备校正功能的 X 射线测厚仪,测量精度大幅提高。

随着 X 射线管技术发展,X 射线机管电压、管电流控制精度大幅提高,单通道 X 射线测厚仪逐渐发展并应用起来,如美国 Weston 公司的 XACTRAY 测厚仪,采用 180 kV 射线机,3.2 mm 窗口的闪烁体探测器,其最大检测范围可达 50 mm,精度达 ±0.25%。我国早期主要是对美、日等国进口的 X 射线测厚仪进行优化和改进,比如原一机部机械研究院机电所和鞍钢冷轧薄板厂从 1966 年起共同研制的测厚仪,经过多次改进,其更新的 SH-4 型 X 射线测厚仪测量范围达到 $0.35\sim3.99\,mm$,精度为 ±1%;1978 年,冶金部自动化所测厚仪专题组配合上钢一厂 1200 轧机厚度调整系统的需要,研制了我国第一台用电离室作为检测元件的 XCR-1 型双光束测厚仪,测量范围为 $1.00\sim9.99\,mm$,误差为不大于 $\pm(0.5\%+20\,\mu m)$。

近年来,随着计算机技术和半导体技术的发展,射线探测器的精度、响应速度和重复性都有了非常明显的提高,辐射测厚仪的研究重点也逐步转向自动化、算法优化方向。

1.1.3　涡流法测厚技术

涡流检测技术的应用可追溯到 1879 年,休斯利用涡流来区分不同导体的电导率和磁导率,从而实现材质的分选。20 世纪 50 年代,福斯特发表了涡流检测系列理论研究和试验的成果,提出阻抗分析法,有力地推动了涡流检测技术的应用。1968 年,C. V. Dodd 和 W. E. Deeds 给出了涡流探头线圈问题的解析解,推导出两层平面导体和同轴柱状体的试件阻抗计算公式,并对涂层涡流测厚进行了试验验证,证明在高频时理论公式和试验值相差较小,低频时则误差较大。至 1980 年,基于涡流法的涂镀层测厚仪包括埃里希森公司的 150N 型、菲舍尔公司的 Isoscope 型、Permascope 系列等,基于磁力法和涡流法组合的涂镀层测厚仪有电物理公司的 Minitest FN252 型和菲舍尔公司的 Dualscope 型等。

我国关于涡流涂层测厚仪的研究相对较晚。1988 年,西南反应堆工程研究设计院研制了 JCH‒3a 涂镀层智能测厚仪,兼具涡流和磁性法两种测厚模式,测量范围为 $0\sim300\,\mu m$,相对误差为 3%~4%,测量精度为 $0.2\,\mu m$。

20 世纪 80 年代之后,仿真软件逐渐用于涡流传感器结构设计。随着计算机技术和半导体技术的发展,涡流测厚仪向着多通道、数据网络化、智能化、小型化方向发展。

1.1.4　磁性法测厚技术

磁性法测厚技术是利用永磁体或电磁线圈探头靠近铁磁性基体,基体表面非磁性涂镀层厚度即是探头距离基体的距离,通过吸附力大小或磁通量大小来评估涂镀层厚度,该技术分为磁吸力式和磁感应式两种。由于两种测厚技术利用的具体原理存在差异,因此,其发展历程也有所不同。

至 1980 年,国外商用的磁吸力式涂镀层测厚仪有西德贝特霍尔德研制的 Mas/p 型、英国伊莱克梅特公司的 Elcometer 111 型、西德 Electro-Physik 公司的 Mikrotest 型。我国甘肃兰州市东方红电表厂与甘肃油漆厂涂料工业研究所于 1975 年研制了 HY 型漆膜测厚仪,测量误差不大于 5%,重复性误差不大于 3%;1976 年化工部涂料工业研究所研制了 HY‒1 型永磁式测厚仪,有 5 个量程,测量范围为 $0\sim1000\,\mu m$,精度为 ±5%。随着计算机技术发展,磁吸力式测厚仪目前具备数字显示、数据打印等功能,但相对于磁感应式测厚仪,磁吸力式测厚仪在便携性、精度方面还存在一定差距。

磁感应法测厚仪原理和涡流法测厚仪相似,都是根据涂镀层厚度的变化对线圈的电感和阻抗的影响从而判断涂镀层的厚度,不同之处在于磁感应法适用导磁基体上非导磁涂层厚度测试,涡流法适用导电基体上非导电涂层厚度测试。截至 1980 年,国外的磁感应测厚仪有电物理公司的 Certotest 及 Minitest F102 和 F1002 型、菲舍尔公司的 DetaScope 型等。我国于 1976 年仿造西德 2.094 型测厚仪研制了 DHC-1 型镀层测厚仪,该仪器有 3 个量程,最大测量范围为 0~400 μm,误差不大于±5%。

1.1.5　太赫兹波测厚技术

在电磁波谱中,太赫兹波频率介于微波和远红外之间。在 20 世纪 80 年代中期以前,由于缺乏有效的产生和检测太赫兹波的方法,人们对该波段电磁辐射性质的认识非常有限。科学研究发现,自大爆炸以来,在宇宙中几乎一半以上的能量和几乎全部光子都在太赫兹波段,反映出太赫兹波段极其丰富的科学内涵。实际上,早在一百多年前,就有科学工作者涉及该波段的研究,1896 年和 1897 年 H. Rubens 等人对该波段进行先期的探索,在之后的近百年间,太赫兹科学与技术得到了初步的发展,许多重要理论和初期的太赫兹器件相继问世。而"Terahertz"这个词语正式在文章中出现是在 1974 年左右,J. W. Fleming 用它来描述迈克尔孙干涉仪所覆盖的一段频段谱线。20 世纪 70 年代,美国先后进行了 0.2 THz 到 1.56 THz 频段的高分辨率雷达的研究,1970 年 J. P. Schulz、O. Weis 等人提出了超导隧道结,作为太赫兹声子热生成脉冲的检测器,同年,K. M. Evenson 使用 28 THz 信号检测二氧化碳的绝对频率。

在 20 世纪 90 年代以前,太赫兹波有各种不同的称谓,有被称为亚毫米波(submillimeter wave)或远红外线(far-infrared)。对于太赫兹波段的研究在过去很长一段时间里是空白,这个波段被称为电磁空隙(electromagnetic gap),主要是因为太赫兹波段位于电子学与光学的交界处,用传统的电子学和光学方法均难以产生和检测。20 世纪 90 年代以后,随着激光技术、量子阱技术和化合物半导体技术的发展,为太赫兹波辐射的产生提供了稳定、可靠的激发光源,利用超快激光技术发展出来的太赫兹波时域光谱技术(THz-TDS)系统为太赫兹波的研究提供了有效的手段,因此 20 世纪末对于太赫兹波段的研究取得了很大的进展。

2000 年以后,由于飞秒激光技术的大力发展,太赫兹波的探测精度有了进一步提升,众多太赫兹波发生源设备的应用,使产生的太赫兹信号质量越来越高,吸引更多的研究人员对太赫兹波的原理和应用进行探究。与此同时,太赫兹测厚技术也得到了一定的发展并逐渐在国内得到了应用,天津大学太赫兹中心提出了利用反射式太赫兹时域光谱系统探测样品的太赫兹脉冲光谱,基于脉冲回波的飞行时间建立简易的单点漆膜厚度提取模型,能够测量 1~3 层油漆样品的厚度。基于太赫兹时域光谱技术可测量多种有机材料的厚度,包括聚乙烯管道、橡胶、工业用纸等材料的厚度。中国计量大学通过研究聚乙烯管道在不同频率太赫兹信号下的折射率变化,建立厚度测量模型,可对管壁厚度为 5~15 mm 的聚乙烯管道进行测量,同时通过太赫兹成像技术可探测 0.2~2 mm 的管道缺陷。在电力行业,绝缘材料厚度测量也可以使用太赫兹信号进行检测,清华大学深圳研究生院分别研究了绝缘硅橡胶片、环氧树脂、复合绝缘子交界面的太赫兹信号,通过太赫兹时域光谱技术分别测量各种绝缘材料的厚度,测量厚度范围为 1~10 mm,误差控制在 3% 以内,测量精度高。

太赫兹波从 20 世纪直到今日一直都是研究的热点。作为电子学和光子学中一个新的研究领域,太赫兹辐射与物质的相互作用以及有关的应用研究在此之后的发展非常迅猛,并一直保持着上升的势头。但总体说来这个领域的研究现在还处于初级阶段,所谓的"太赫兹空隙"区域依然还有许多基本问题需要探索和研究。

1.1.6 其他覆盖层测厚技术

1. 横断面显微法测厚技术

横断面显微法测厚技术是金相技术中定量金相分析的一个分类,而金相技术作为金属材料研究和检验手段,其使用时间可以追溯到 100 多年以前。早在 19 世纪初,德国学者 Widmanstgtten 使用硝酸水溶液对铁陨石切片进行浸蚀,发现魏氏组织,金相学开始萌芽。19 世纪 60 年代起,英国学者 H. C. Sorby 开始利用显微镜和照相技术对钢铁的微观组织进行研究,揭开了金相学的序幕。后来,德国学者 A. Martens 改进实验方法,与蔡司光学仪器厂合作,设计了专用的光学金相显微镜,把金相学从单纯的使用显微镜放大观察,扩展提高成一门新学科。19 世纪末,Fe - C 相图问世,奠定了金相学的理论基础。20 世纪初,与金相学相关的各类学报、专著开始陆续出版发行。1916 年,美国材料试验学会(ASTM)确认光学金相显微镜可以有效研究和检验金属材料组织。随着金属材料的不断发展和研究需要,光学显微镜及其照明系统、试样制备方法和设备器材等方面也在持续改进。1939 年,Knoll 及 Ruska 成功研制了电子显微镜,金相学从此进入电子显微镜时代,分辨能力明显提高。20 世纪 40 年代,金相一词在我国出现,译自英语"metallograph",释义为金属的相片或者金属的相貌,是金相学"metallography"的同源词。20 世纪 60 年代,英国剑桥仪器公司生产了全世界第一台图像分析仪,标志着定量金相分析由手工测量时代进入自动化分析时代,横断面显微法测厚技术也随之开始应用。自 80 年代起,随着计算机技术的发展,图像采集、分析软件系统不断更新,定量金相分析日趋成熟,横断面显微法测厚技术更加便捷和精确。目前金相技术在材料研究和检验中应用广泛,是世界各国材料检验标准中物理检验的重要项目,横断面显微法测厚技术因其较高的精确性和较小的误差,在一些覆层厚度测量检验标准中被列为仲裁试验方法。

2. 称量法测厚技术

称量法测厚是指通过测量试件或试件上覆盖层单位面积质量的方式来评估其厚度的测厚技术。对于塑料薄片等试样可以直接裁切称重，对于热浸镀锌等覆盖层的测厚则常采用特定溶液去除覆盖层的方式来测量其质量。本书中所讲的称量法测厚技术是指溶解法中的称量法测厚技术，不包括塑料薄片等试样的直接裁切称重测厚（也称狭义的称量法测厚技术，即测量试件上覆盖层单位面积质量的方式来评估其厚度的方法）。

热浸镀锌作为户外钢铁结构件常用防护手段，仅从外观难以对其镀锌层质量进行有效评价，需要特定手段测定其厚度、防腐蚀效果等。早在 1915 年，W. A. Manuel 就在其著作中阐述了镀锌层质量的测试方法，包括硫酸铜试验、醋酸铅测试、析氢测试、盐雾试验、干湿试验等。

早期人们采用析氢法测量镀锌层单位面积质量，用特定溶液和镀锌层反应产生的氢气体积来估算锌层质量，从而得到锌层厚度。1920 年，A. S. Cushman 开发了一种仪器，用于测量盐酸-氯化锑混合物在镀锌板上作用产生的氢气体积，通过换算可以得到溶解的锌的质量，从而用以评估钢板镀锌层厚度。1932 年，A. Keller 和 K. Bohacek 用此办法测量镀锌钢线的镀层厚度。1947 年，D. J. Swaine 对该方式进行了改良，采用伦格氮量计测量产生的氢气体积，同时测量了反应溶液中铁、铅、锡等杂质的含量，从总的氢气体积中减去杂质反应生产的氢气体积，从而得到去除了杂质含量的纯锌层单位面积质量。采用析氢方式测量镀锌层质量的误差在 1 mg 以内。

随着电子天平技术发展，20 世纪 80 年代末普通电子天平的分辨率可达 0.1 mg，微量电子天平的分辨率可达 0.1 μg，采用称重法的优势逐渐显现出来，不再需要测量产生气体的体积，而是直接测量反应前后试样的质量，且具有更高的精度。随着热浸镀锌工艺发展，熔融锌液中锌的含量不低于 99%，目前相关称量法测厚标准中一般不再要求校正杂质含量。

1.2 厚度测量技术在电网中的应用

厚度测量是保障电网设备本体厚度和覆层厚度符合质量要求的重要手段之一。电网设备厚度测量的对象主要包括两大类：一是型钢、GIS 壳体、箱体等设备本体的厚度；二是线路塔材、变电构支架、开关柜触头、变压器接线端子等设备表面的镀锌、镀银、防锈漆等覆层的厚度。电网设备本体厚度测量技术主要有超声法测厚技术，覆层厚度测量技术主要有射线法、涡流法、磁性法、横断面显微法、称量法等测厚技术。能对绝缘材料设备本体及覆层厚度进行测量的方法有太赫兹波测厚技术。

1.2.1 超声法测厚技术

1. 脉冲反射超声测厚技术

脉冲反射超声测厚,是利用发射电路发出脉冲很窄的周期性电脉冲,通过电缆加到探头上,激励探头压电晶片产生超声波,该超声波在被测工件上下底面多次反射。反射波被接收,转为电信号经放大器放大后输入计算电路,由计算电路测出超声波在工件上下底面往返一次传播时间,再换算成工件厚度显示出来。

脉冲反射法超声测厚技术目前被广泛应用于电网设备中户外密闭箱体、开关柜覆铝锌板、JP 柜柜体、环网柜柜体、构支架等的厚度检测。

2. 电磁超声测厚技术

图 1-1 电磁超声
激励原理

电磁超声测厚是电磁超声检测技术的一个重要工业应用。其测厚原理与脉冲反射法测厚原理类似,即通过检测超声波在工件中的传播时延就可以计算出被检工件的厚度。区别在于电磁超声测厚技术使用的是线圈与磁铁相互激励的作用效应,通过线圈就可以在试件内部产生超声波,电磁超声激励原理如图 1-1 所示。

电磁超声测厚检测技术应用模式较单一,主要用于无须耦合剂、检测速度快、重复性好、高温等条件下的检测。探头与被测物体不直接接触,适用于表面粗糙、表面存在覆层(油漆、铁锈等)的金属或铁磁性材料的检测。

目前电力系统中电磁超声测厚技术主要用于发电企业高温管道测厚以及电网设备中的不锈钢箱体、GIS 筒体的壁厚测量等。

3. 激光超声测厚技术

激光超声检测技术利用激光辐照材料表面,在材料表面及内部产生超声波,声波的激发和接收都可以通过激光束完成。该技术解决了压电超声、电磁超声等传统超声技术中存在的被测物形状、耦合情况、耦合剂污染所产生的问题,同时,激光超声技术具有激声波频率高、波长短等特点,能够在复杂的环境下保存良好的稳定性,检测精度高、响应速度快。由于能同时激发出体波、表面波或兰姆波等不同模式的超声波,因此兰姆波法、脉冲反射法等常用超声测厚技术均可应用在激光超声检测中。

目前,激光超声测厚技术在高压部件远距离带电测厚、高温高压容器壁厚检测、压力管道厚度检测、复合材料厚度检测等领域有很大的应用潜力,特别是在薄层材料厚度的非接触检测上有很大优势。

1.2.2　射线法测厚技术

1. X 射线荧光法测厚技术

X 射线荧光法测厚技术是利用初级 X 射线照射被检工件,根据二次荧光的特征谱线识别元素成分,并根据荧光强度进行定量分析(镀层厚度、元素含量等)的技术。

X 射线荧光测厚技术主要用于涂镀层厚度的测量,利用高压射线管或放射性物质产生的 X 射线作为初级辐射源照射被检工件,根据产生的二次荧光的强度来评估射线照射路径上涂镀层的单位面积质量,若涂镀层的密度已知,则可以得到涂镀层的线性厚度。此方法可以测量多层涂层的厚度,一般情况下不超过三种涂覆层,测量厚度的上限取决于初级辐射源的能量、涂层成分等。

测量范围上限取决于射线能量和涂镀层材质,常见的涂镀层测量上限:镀银层约为 $50~\mu m$,镀锡层约为 $60~\mu m$,镀锌层约为 $40~\mu m$,镀镍层约为 $30~\mu m$,镀铝层约为 $100~\mu m$。

X 射线荧光测厚法具有成本低、速度快、人为因素影响小、不需取样的无损(非破坏)检测等优势。

目前电网设备中隔离开关触头镀银层、开关柜梅花触头镀银层、开关柜铜排连接导电接触部位镀银层、跌落式熔断器导电片触头镀银层、户外柱上断路器接线端子镀锡层、柱上隔离开关触头镀银层等涂镀层常采用 X 射线荧光测厚方式。

2. 辐射法测厚技术

辐射法测厚技术指采用 β、γ 或 X 射线来测量工件厚度的技术。其与 X 射线荧光法测厚的不同之处在于辐射法为穿透式测量技术,测量的是穿过工件被吸收和散射后的射线强度,根据射线强度衰减程度来评估材料厚度。X 射线荧光法测厚是反射式测量技术,测量的是二次荧光射线(特征谱线)的强度。而且辐射法测厚通常用于检测无衬底单层材料的厚度,不能检测基体材料上涂镀层厚度。

β 射线波长较长,穿透性弱,只能用来测量 $1\sim 2~mm$ 的厚度。X 射线和 γ 射线同属于短波长电磁波,穿透性强,主要应用于工业检测。但由于 γ 射线辐射防护困难、能量单一不可调,目前常用 X 射线机来产生射线。

射线机产生的 X 射线穿透被测工件后强度会衰减,衰减程度与被检工件材质、密度、厚度有关,相互之间的关系为

$$-\Delta I = \mu I_0 \Delta T \tag{1-1}$$

式中, I_0 为射线初始强度, ΔI 为射线穿过工件厚度后的强度变化; ΔT 为被检工件厚度; μ 为工件线衰减系数。

穿过工件的射线强度经探测器转化成电信号,再经过放大环节处理后由数据采

集卡进行数据采集,采集到的数据经数据处理系统转换为直观的被检工件的厚度值。

1.2.3 涡流法测厚技术

涡流法测厚技术的工作原理是采用高频交流信号电磁线圈在被检工件(导体)中感生涡流,涡流产生的次级交变磁场阻碍载流线圈所产生的磁通变化,因此引起输入阻抗的变化。线圈阻抗变化与被测基体材料的电导率 σ、磁导率 μ、厚度 d,以及检测线圈的激励电流 I、激励频率 f、提离距离 h 等影响因素有关。当只有提离距离一个变量而其他影响因素为确定值的时候,涡流信号就可以表示成关于提离距离的单变量关系式,从而可以通过分析线圈的阻抗变化测量出材料的基体或涂层厚度值。因此,涡流法测厚的实质就是利用涡流检测的提离效应,将涡流检测信号转化为对应厚度值的过程。

涡流法测厚技术操作简单、技术成熟、精度高、测量范围可达 $1\,200\,\mu m$,目前被广泛应用于电网设备导电基体上非导电涂层厚度的测量,如气体绝缘全封闭组合电器(GIS)漆膜、断路器接线板表面阳极氧化膜、变压器漆膜等设备的厚度测量等。

1.2.4 磁性法测厚技术

本书 1.1.4 节已提到磁性法测厚技术包括磁吸力测厚和磁感应测厚两种,且在具体原理利用上存在差异,因此,本节对其分别进行具体阐述。

磁吸力测厚是利用永久磁铁(探头)与导磁钢材之间的吸力大小与处于这两者之间的距离成一定比例关系而测出覆层厚度的,其中,这个距离就是覆层的厚度。也就是说,利用这个原理制成的测厚仪,只要覆层与基材的导磁率之差足够大,就可进行测量。测厚仪的基本结构为磁钢、接力簧、标尺及自停机构。磁钢与被测量物体吸合后,将测量弹簧在其后逐渐拉长,拉力逐渐增大,当拉力刚好大于吸力,磁钢脱离的一瞬间记录下拉力的大小即可获得覆层厚度。

磁感应法测厚是利用探头经过非铁磁性覆层进入铁磁性基体的磁通大小来测定覆层厚度。当探头与涂层接触时,探头和磁性金属基体构成一闭合磁路,由于非磁性覆盖层的存在,使磁路磁阻变化,通过测量其变化可计算覆盖层的厚度。覆层越厚,磁阻越大、磁通越小。

目前,磁性法测厚技术广泛应用于输电线路铁塔塔材、变电站接地扁铁、紧固螺栓、隔离开关外露传动机构、构支架、角钢及变压器油箱、储油柜、散热器等镀锌层、镀镍层等厚度的测量。

1.2.5 太赫兹波测厚技术

太赫兹波测厚技术主要利用太赫兹时域光谱(THz - TDS)技术,该技术是 20 世纪 80 年代由 AT&T 的 Bell 实验室和 IBM 公司的 T. J. Watson 研究中心发展起来的,是最新的太赫兹技术。

材料的厚度由太赫兹信号在不同介质中的传播时间差来计算,太赫兹脉冲在样品中的飞行时间包含了样品的几何厚度及折射率信息,单个太赫兹脉冲的典型信号和太赫兹脉冲透射信号如图 1 - 2 所示。根据菲涅尔定律(Fresnel law)建立样品中太赫兹信号的数学模型,通过标定模型的厚度及折射率参数,即可获得样品厚度及折射率信息,通过折射率、飞行时间差,在已知样品折射率的情况下,通过求解太赫兹反射脉冲之间的飞行时间差,即可对样品厚度进行计算。

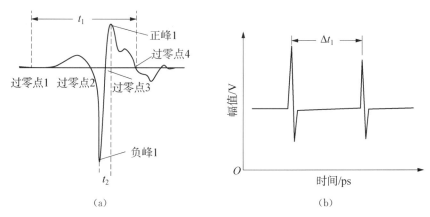

(a)　　　　　　　　　　　　　(b)

图 1 - 2　典型太赫兹脉冲信号

(a)单个太赫兹脉冲信号;(b)透射式太赫兹脉冲信号

目前,太赫兹波测厚技术在电力行业的绝缘涂层、绝缘纸板、环氧树脂等材料,以及电力线缆、油浸式变压器内绝缘件、开关器件树脂绝缘层等设备的厚度测量,正越来越得到重视和广泛应用。

1.2.6　其他覆盖层测厚技术

1.　横断面显微法测厚技术

横断面显微法测厚技术是利用光学显微镜观察经过表面处理的试样横断面,结合图像采集及分析软件,以经过校正的标尺测量镀层、渗氮层、脱碳层等特殊表面局部厚度的方法,是一种破坏性覆盖层测厚技术,其优点是测试结果相对准确、误差较小(可达到 0.01 μm 以下),缺点是制备试样过程复杂、对操作者技术及经验要求较高。

在电网设备金属监督检测中,横断面显微法测厚技术可应用在镀层厚度、地脚螺栓螺纹脱碳层深度等精确测量。

2. 称量法测厚技术

在电力设备中,称量法测厚技术常用于测量覆盖层的厚度,具体来说,就是先测量覆盖层的单位面积质量,然后在不侵蚀基体的前提下溶解掉覆盖层,对溶解覆盖层前后的试样进行称重,或者在溶解掉基体而不侵蚀覆盖层的情况下,对覆盖层进行称重。在覆盖层密度均匀的前提下,用覆盖层质量除以覆盖层的面积和密度得到厚度的平均值。

同样都是溶解法测厚技术,称量法相对于阳极库仑溶解法的优点在于不需要复杂的电解设备,仅需要天平、溶解液等简单设备及器材,操作简便,缺点在于需要特定溶液来溶解去除表面覆盖层,因此,适用的表面覆盖层体系范围更窄。而且称量法测厚技术需要精确测量试样的表面积,更适用于表面积易于计算或测量的试样,如电力设备常用的镀锌钢板、角钢、镀锌钢线等。

称量法测厚技术测量的是试件的平均厚度,不能指出存在的裸露点或厚度小于规定值的部位。测量不确定度在很大的厚度范围内小于5%。目前,称量法测厚技术主要作为电网设备铁塔镀锌层厚度检测时,相关各方对测量结果存在争议或有异议时的一种仲裁试验方法使用。

第 2 章　超声法测厚技术

在日常工业和生产应用中超声法测厚技术是最简单、最常见的一种检测技术,但其包括的技术种类、原理、影响因素等却非常复杂且广泛。本章主要从测厚原理、仪器设备、通用工艺、典型案例等多层次、多角度地对脉冲超声测厚技术、电磁超声测厚技术、激光超声测厚技术等进行讲解。同时,在本章最后也对电网设备超声测厚中一些不常用的测厚技术,比如共振法、兰姆波法、相控阵法等超声测厚技术进行简单的介绍。

2.1　脉冲反射超声测厚技术

2.1.1　脉冲反射超声测厚原理

脉冲反射法超声测厚是通过测量超声波在工件上下底面之间往返一次、两次或多次传播的时间来求得被测工件厚度,其计算公式为

$$\delta = \frac{1}{2n}ct \qquad (2-1)$$

式中,δ 为被测工件厚度(mm);c 为材料声速,即超声波在被测工件中的传播速度(m/s);t 为传播时间,即声程时间(s);n 为超声波往返次数。

脉冲反射法超声测厚原理计算公式中,超声波在被测工件中的传播速度 c 通过测厚前的仪器校准获得,n 取决于选择的测厚方式(即回波次数),时间 t 通过测厚仪自身软件实测得到。在实际测厚时,传播时间 t 包含了声波在探头中的传播时间 t_0,即探头零偏,在校准时需采用两个不同厚度的校准试块,或有的测厚仪可以使用随机自带的厚度试块校准零点,从而消除零偏的影响。

常用最简单的脉冲法超声测厚原理及测厚仪一般是利用单回波法,即只利用始脉冲 T 与第一次底波 B_1 之间的关系来测量被测工件的厚度,则由式(2-1)变成为

$$\delta = \frac{1}{2}ct \qquad (2-2)$$

1. 往返时间 t

在脉冲反射法超声测厚过程中,利用不同的回波,则回波往返时间的测量也不相同。常用的回波往返时间 t 测量方法有以下四种,如图 2-1 所示。

(1) 单回波法。测量发射脉冲 T 与第一次底波 B_1 之间的时间,同时对零点进行校正,减去探头与耦合层的厚度,这种方法发射脉冲宽度大,盲区大,一般测量精度下限受到限制,为 $1\sim1.5\,mm$。但这种方法仪器原理简单,成本低廉。

(2) 单回波延时法。测量延时波结束与第一个底面回波之间的时间。延迟块作用类似水浸法的水声程的作用,声场的大部分近场区设置在延迟块内,常用于超薄工件检测和高精度测厚。

(3) 多回波法。测量第一次底波 B_1 与第二次底波 B_2 之间的时间或任意两次相邻底波之间的时间。这种方法底波脉冲宽度窄,盲区小,测量下限值小,最小可达 $0.25\,mm$,但这种方法仪器线路复杂,成本较高。

(4) 穿透法。测量超声脉冲从发射探头通过被测材料到底面接收探头的时间。

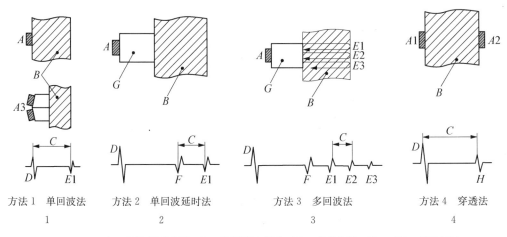

方法 1 单回波法	方法 2 单回波延时法	方法 3 多回波法	方法 4 穿透法
1	2	3	4

A—发射/接收探头;D—发射脉冲指示;$A1$—发射探头;$E1\sim E3$—底面回波;
$A2$—接收探头;F—界面回波;$A3$—双晶探头;G—延迟声程;B—检测对象;
H—接受脉冲;C—声波传输时间。

图 2-1 测 量 方 法

四种测试方法中,方法(1)~(3)为接触式脉冲回波法,方法(4)为穿透法。在电网设备测厚应用中,由于检测对象通常为密闭箱体、变压器、断路器、GIS 设备等封闭设备的壳体,方法(1)~(3)应用较多,方法(4)应用较少,因此本章主要介绍脉冲反射式测厚技术。

2. 材料声速

被测材料声速是材料物理特性的函数,是超声测厚过程中的重要声学参数。通常采用横波或者纵波探头测厚。

声波在被检试件介质中的传播速度即为声波速度,简称声速,用 c 表示。声速是介质的重要声学参数,取决于介质的性质(密度、弹性模量、泊松比),声速还与波型有关,对于同种固体介质,纵波声速大于横波声速。

1) 声速

纵波声速 c_L

(1) 在无限大固体介质中传播时,纵波速度为

$$c_L = \sqrt{\frac{E}{\rho}} \sqrt{\frac{1-\sigma}{(1+\sigma)(1-2\sigma)}} \qquad (2-3)$$

式中,E 为介质的杨氏弹性模量,等于介质承受的拉应力 F/S 与相对伸长 $\Delta L/L$ 之比,即 $E = \dfrac{F/S}{\Delta L/L}(\mathrm{Pa})$;$\rho$ 为介质的密度,等于介质的质量 M 与其体积 V 之比,即 $\rho = M/V(\mathrm{kg/m^3})$;$\sigma$ 为介质的泊松比,等于介质横向相对缩短 $\varepsilon_1 = \Delta d/d$ 与纵向相对伸长 $\varepsilon = \Delta L/L$ 之比,即 $\sigma = \varepsilon_1/\varepsilon$。

(2) 在无限大液体和气体介质中,纵波声速为

$$c_L = \sqrt{\frac{K}{\rho}} \qquad (2-4)$$

式中,K 为气体、液体介质的体积弹性模量(Pa)。

横波声速 c_S

在无限大固体介质中传播时,横波的速度为

$$c_S = \sqrt{\frac{G}{\rho}} = \sqrt{\frac{E}{\rho}} \sqrt{\frac{1}{2(1+\sigma)}} \qquad (2-5)$$

式中,G 为介质的剪切弹性模量(Pa)。

由以上公式可知,即使在相同的固体介质中传播,上述两种波型的声速也是各不相同,每种波型的声速是由介质的弹性性质、密度决定的,即给定波型的声速是由介质材料本身的性质决定的,而与声波的频率无关。不同的材料,声速也不相同。对给定的材料和波型,声波的频率越高,波长越短。

对于给定的材料一般假定材料声速是一常数。常用材料的超声声速可参考表 2-1,因成分、处理和测试条件的变动影响,这些数据不是绝对准确的,通常对大部分实际应用场合可以使用,也可以根据试验测定。

表 2 - 1   常用材料的声速和 5 MHz 时的波长

材料	密度/ (g/cm³)	纵波		横波	
		c_L/(m/s)	λ/mm	c_S/(m/s)	λ/mm
铝	2.69	6 300	1.26	3 130	0.63
铜	8.9	4 700	0.94	2 260	0.45
钢	7.8	5 900	1.2	3 200	0.64
有机玻璃	1.18	2 700	0.54	1 120	0.22
甘油	1.26	1 900	0.38	—	—
水(20℃)	1.0	1 500	0.30	—	—
油	0.92	1 400	0.28	—	—
空气	0.001 2	340	0.07	—	—

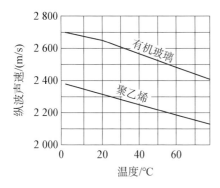

图 2 - 2   有机玻璃、聚乙烯
与温度的关系

2）影响因素

介质随温度变化时,其物理和力学性能也将随着改变,导致声速发生变化。一般固体中的声速随介质温度升高而降低,例如,有机玻璃、聚乙烯的声速随着温度的升高而降低,如图 2 - 2 所示。在使用探头加有机玻璃斜楔检测时,如温度发生变化,应注意由声速变化引起试件内折射角的变化,因为这将引起不连续性定位误差。

当被检测介质中存在各向异性时,由于不同方向的性能各不相同,因而声速也不相同。如超声检测晶粒粗大的奥氏体不锈钢时,超声波沿不同角度传播,其声速也会发生变化。

2.1.2   脉冲反射超声测厚设备及器材

脉冲反射法超声测厚设备及器材主要包括超声测厚仪、探头、探头连接电缆线、耦合剂及校准试块等。

1. 超声测厚仪

超声波测厚仪有数值型和波形显示型两种,波形显示型一般带有 B 扫描功能,可以连续对检测区域进行测量并显示厚度变化图形,常用于腐蚀、不规则损伤坑的检测。电网设备脉冲反射法超声测厚常用的测厚仪如图 2 - 3、图 2 - 4 所示。

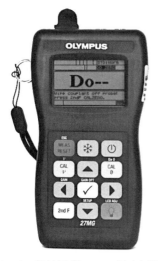

图 2 - 3　奥林巴斯 27MG 超声测厚仪　　图 2 - 4　奥林巴斯 38DL PLUS 超声测厚仪

　　脉冲反射法超声测厚仪基本工作原理如图 2 - 5 所示。发射电路产生很窄的周期性高压电脉冲,通过电缆加到连接的高阻尼压电换能器(探头),激励探头中的压电晶片产生超声发射脉冲波,脉冲波经被测工件界面多次反射后被探头接收,转变为电信号经放大器放大后输入计算电路,由计算电路测出超声波在被测工件中的传播时间,换算成被测工件厚度,经液晶显示器显示出来的数值即是所测厚度值。其主要根据是声波在工件中的传播速度乘以通过工件时间的一半而得到工件的厚度。

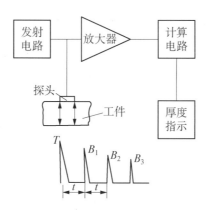

T —发射脉冲(始脉冲),B_1、B_2、B_3 —第一次、第二次、第三次底波,t —时间间隔。

图 2 - 5　脉冲反射法超声测厚仪基本工作原理示意图

常用的脉冲超声测厚仪具有声速调节、零点调节和数据存储功能,且随机带有厚度校准试块,还具有以下特点。

(1) 测量范围宽,误差小。

(2) 已知材料的声速,可以测量工件的厚度;已知工件的厚度,可以测量材料的声速。

(3) 对声衰减不太大的各种材料均能测量。

(4) 工件表面带有漆皮、锈层和腐蚀坑,通常不打磨也能测量。

(5) 操作简单,测量迅速,携带方便。

2. 探头

探头,也称换能器,可以实现不同类型能量之间的转换。超声探头的种类有很多,比如直探头、聚焦探头等。其中大多数超声探头都是利用压电效应的原理设计的。当对其加一个电脉冲就能够发射一个超声波;反之,当加上一个声脉冲时又会产生电脉冲。

常见的脉冲反射法超声测厚探头如图 2-6 所示,有单晶纵波探头、双晶纵波探头,其组成基本结构如图 2-7 所示。在不同的应用场合,可根据超声频率、晶片大小和材料的物理特性等选择不同的超声探头。由于存在阻塞现象,一发一收的双晶纵波探头应用更广泛;单晶纵波探头常用来测量较厚工件,也可以采用高频、高阻尼设计,配合延迟块来测量较薄工件(≤1.0 mm),即采用单回波延时法。

图 2-6 常见脉冲反射法超声测厚探头

引线插座

阻尼块

引线

压电晶片

引线插座

阻尼块

引线

压电晶片

图 2 - 7　脉冲反射法超声测厚探头基本结构示意图

当超声波的频率很高时,波长很短,脉冲的宽度也很窄,能量集中在一起,分辨率比较高,但是在物体中衰减比较快,扫查的空间小;晶片尺寸越小,发射的能量越小,近场范围内的声束变得很窄;当被测对象的晶粒比较粗大时,可以选择频率比较低的超声探头;对于散射性比较低的一些材料,比较适合选择高频超声探头。

根据待测工件的材质、厚度、曲率等特性选择合适的探头是保证检测精度的重要手段之一,探头选择的参数包括探头外形、波型、晶片数量、频率、晶片尺寸、有无延迟块等。

1) 探头外形

根据检测目的不同,探头可以设计成不同形状。如是否聚焦、探头引线插脚规格型号、线缆形式、探头引线插座与压电晶片平行还是垂直(直角型、平直型)、探头外壳是方形还是圆形、探头外壳是否滚花工艺以方便握持、外壳是否带有磁性吸附特性以固定在铁磁性材料上、是否带有弹簧加载支架、是否为用于狭小操作空间的特殊形式(笔式探头)等,部分探头外形如图 2-8 所示。

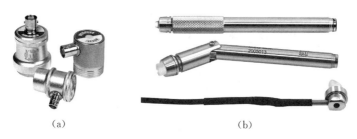

(a)　　　　　　　　　　　　　(b)

图 2 - 8　不同外形探头

(a)直角型和平直型圆探头;(b)笔式探头

2) 波型

电网设备常用的测厚探头多采用纵波,部分特殊用途的测厚探头采用横波,例如,用于锅炉受热面管内壁氧化皮测厚时,常采用20 MHz可更换延迟块的横波探头,可检测0.15~1.25 mm厚的氧化皮。采用横波探头时,还可以通过校准获得待测量材料的横波声速,由式(2-3)可以得到材料的弹性模量或剪切模量信息。

注意:液体无法传导横波,采用横波探头时耦合剂不能用机油等液体,而需采用黏稠度很高的水溶性有机物。

3）晶片数量

常用的测厚探头有单晶和双晶两种形式。

压电晶片在电脉冲信号作用下振动发出超声波,压电晶片振动停止前无法接收返回的声波,若待检工件较薄,很有可能无法接收超声回波,因此采用一发一收设计的双晶探头可有效克服该缺点。双晶探头中两块压电晶片呈一定角度布置(见图2-7右侧探头结构示意图),发射晶片产生的超声波经工件底面反射后被接收晶片接收,由于接收晶片之前未产生振动,也就不存在"阻塞时间"。显然,此时声波传输路径不是严格垂直工件底面,而是呈现一定角度的"V"字形。由于夹角较小,在待测工件较厚(如>2 mm)时,V形路径引起的测量误差可以忽略,但待测工件较薄时,该误差不能忽略,即声波在工件中的传播时间和工件厚度不再呈线性关系,需要对测量结果进行修正。

一般情况下单晶探头的晶片尺寸更大,具有更好的声束指向性,可以用于厚度较大的工件。为了测量较薄工件,可以在单晶探头上加装延迟块,延长工件底面回波返回时间,避免因阻塞而无法接收,同时可以对探头频率、阻尼、晶片尺寸等进行合理设计,将近场区大部分设置在延迟块内,从而使得探头具有更高测试精度和更低测试下限,例如,10 MHz或以上高频带有延迟块的探头可测量0.6 mm左右的钢制材料。

4）频率

探头频率选择主要从待测材料声衰减和厚度方面考虑。对于声衰减高或厚度较大的材料,应尽量选择较低的频率,最低频率可选择100 kHz。

理论认为,在一定声速范围,测量下限不低于一个波长,即

$$\lambda = \frac{c}{f} \tag{2-6}$$

式中,λ为波长(mm);c为声速(m/s);f为频率(MHz)。

因此,测量较薄的材料时,为了获得更低的测量下限,通常选择高频探头,其最高频率可选择50 MHz。

5）晶片尺寸

晶片尺寸和探头外形紧密相关,选择时需综合考虑探头频率,待测工件材质、厚度,可操作空间等多项因素。

6）延迟块

延迟块一般为有机玻璃，常配合高频高阻尼探头使用，用于较薄工件的厚度测量。根据延迟块是否可拆卸，分为永久性延迟块探头和可更换延迟块探头。延迟块与晶片之间需要耦合剂。

3. 探头连接电缆线

探头与超声波测厚仪是通过高频同轴电缆线来实现连接的。常见的探头连接电缆线如图 2-9 所示，同轴电缆线截面如图 2-10 所示。这种电缆能消除外来电波对探头的激励脉冲及回波脉冲的影响，并防止该高频脉冲以电波形式向外辐射。

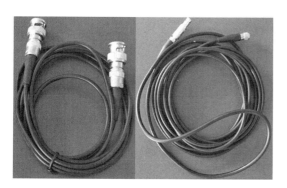

图 2-9 探头连接电缆线

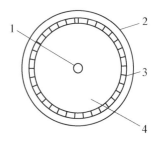

1—芯线；2—探头外皮；3—金属丝屏蔽层；4—聚乙烯隔层。

图 2-10 同轴电缆线结构截面图

4. 耦合剂

为了增强超声波的透声能力，减小探头与被测物体表面之间的摩擦，在探头和被测物体表面之间涂上一层薄的液体透声介质，该液体称为耦合剂。

在实际超声波测厚中，探头与工件之间有一层薄薄的空气层，超声波的反射率几乎为 100%，严重阻碍超声波入射到工件内，因此，在探头与被测工件表面之间施加耦合剂，完全填充探头与被测工件之间的空隙，使超声波能够顺利传入被测工件完成厚度测量。另外，耦合剂还有润滑作用，可以减小探头与被测工件表面之间的摩擦，防止探头磨损过快，也便于探头的移动。

耦合剂的基本要求：良好的透声性能和润湿性能。因此，选择耦合剂时需要从多个方面考虑：声阻抗比较高，透声性能比较好；对被测物体无损害；对人体和环境无危害；在探头表面与被测物体的表面之间具有一定的黏度和附着力；容易清洗；性能稳定；不容易变质；来源广；价格便宜等。常见的耦合剂有水、甘油、化学浆糊、机油等。

5. 校准试块

超声波测厚阶梯试块应采用与被检测工件材料相同或相近的材料制作，在试块上明确标称超声波声速值，可根据工件厚度来选择超声波测厚阶梯试块厚度范围，一般要求厚度是整数,而不是零散值,如图 2-11 所示。超声波测厚阶梯试块主要用于超声波测厚系统的校准与测量工艺的评价。

图 2-11　超声波测厚阶梯试块

校准用的试块厚度和声速应是已知的。校准试块应晶粒均匀且具有较好的各向同性,且试块内部无不允许存在的不连续缺欠。校准试块可以用一组不同厚度的试块,也可以用《无损检测　超声检测　阶梯试块》(GB/T 39432—2020)规定的阶梯试块。在实际检测时,校准试块的厚度范围应覆盖待测产品厚度。每次校准前应用游标卡尺等核实校准试块厚度。

常见的校准试块有 4 阶梯、5 阶梯、7 阶梯等,分别如图 2-12、图 2-13、图 2-14所示,校准试块规格及具体参数见表 2-2~表 2-4,其中图 2-12~图 2-14 和表 2-2~表 2-4 参考 GB/T 11344—2008。

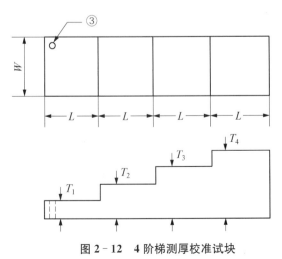

图 2-12　4 阶梯测厚校准试块

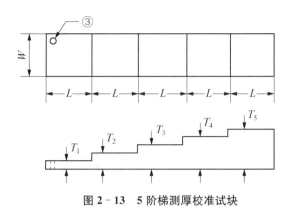

图 2‒13　5 阶梯测厚校准试块

图 2‒14　7 阶梯测厚校准试块

表 2‒2　4 阶梯测厚校准试块的详细数据

符号	4A 试块/mm		4B 试块/mm	
	尺寸	公差	尺寸	公差
T_1	6.25	0.02	5.00	0.02
T_2	12.5	0.02	10.00	0.02
T_3	18.75	0.02	15.00	0.02
T_4	25.00	0.02	20.00	0.02
L	20.00	0.5	20.0	0.5
W	20.00	1.0	20.0	1.0

注① 材料为被检材料;
② 最终表面粗糙度:检测面最大 Ra 0.8 μm,其他面最大 Ra 1.6 μm。Ra:表面粗糙度。
③ 为了便于电镀的操作,制作了 1.5 mm 的通孔;从试块边缘到孔中心 1.5 mm。
④ 所有测厚面尺寸均为阳极化或电镀后尺寸。
⑤ 为了防止锐边,使电镀增厚最小,或去除缺口和毛刺,可对试块的边缘倒斜角或倒圆,但应该保证这种处理引起的尺寸减小不超过 0.5 mm。

表 2-3　5 阶梯测厚校准试块的详细数据

符号	5A 试块/mm		5B 试块/mm	
	尺寸	公差	尺寸	公差
T_1	2.50	0.02	2.00	0.02
T_2	5.00	0.02	4.00	0.02
T_3	7.50	0.02	6.00	0.02
T_4	10.00	0.02	8.00	0.02
T_5	12.50	0.02	10.00	0.02
L	20.00	0.5	20.00	0.5
W	20.00	1.0	20.00	1.0

注① 材料为被检材料。

② 最终表面粗糙度：检测面最大 Ra 0.8 μm，其他面最大 Ra 1.6 μm。Ra：表面粗糙度。

③ 为了便于电镀的操作，制作了 1.5mm 的通孔；从试块边缘到孔中心 1.5mm。

④ 所有测厚面尺寸均为阳极化或电镀后尺寸。

⑤ 为了防止锐边，使电镀增厚最小，或去除缺口和毛刺，可对试块的边缘倒斜角或倒圆，但应该保证这种处理引起的尺寸减小不超过 0.5mm。

表 2-4　7 阶梯测厚校准试块的详细数据

符号	7A 试块/mm		7B 试块/mm	
	尺寸	公差	尺寸	公差
T_1	3.00	0.02	1.00	0.02
T_2	12.50	0.03	1.50	0.02
T_3	24.00	0.03	2.00	0.02
T_4	30.00	0.03	4.00	0.02
T_5	36.00	0.03	6.00	0.02
T_6	42.00	0.03	8.00	0.02
T_7	48.00	0.03	10.00	0.02
L	40.00	1.0	40.00	1.0
W	40.00	1.0	40.00	1.0

注① 材料为 45 号钢。

② 胚料经过锻造和热处理。

③ 材料晶粒度为 7 级。

此外,目前更多厂家在所购买仪器设备时会随机配置校准试块,如图 2-15 所示。这种试块只有最小、最大两个厚度校准值,体积小,重量轻,结构简单,携带非常方便,尤其是适合电网设备的现场超声波测厚工作。

6. 测厚仪器及器材的运维管理

(1) 校准和核查。超声测厚仪每年应按现行的有效方法进行校准并满足使用要求。每年至少对校准试块的表面腐蚀与机械损伤进行一次核查。

(2) 检查。每次测厚前应检查仪器设备及器材的外观、线缆连接和开机信号等情况是否正常。

图 2-15 随机配置的
超声测厚
校准试块

(3) 仪器设置的核查。当出现以下情况时应对仪器设置进行核查:所有测量工作完成时;工作期间定期检查(每天至少一次);在探头或探头线更换时;被测材料类型改变时;材料或仪器温度显著变化时;仪器设置改变时等。

2.1.3 脉冲反射超声测厚通用工艺

脉冲反射超声波测厚通用工艺是根据被测对象、测厚要求及相关测厚标准要求进行制定的,主要包括被测工件表面的预处理,超声波测厚仪、探头、试块及耦合剂的选择,仪器的调试与校准,测量实施,结果评定,记录与报告等。

1. 被测工件表面的预处理

(1) 被测产品表面应清洁、平整,无松散及非黏性涂层。测量接触区域不小于 2 倍探头直径。接触不良可引起信号声能损失以及信号和声束传播路径的改变。

(2) 如果测量表面存在涂层,涂层应与材料结合良好,允许表面存在紧贴型涂层(涂漆、珐琅等)。仅有少数测厚仪可测出涂层厚度。当测量有涂层的产品厚度时,涂层的厚度和声速应该是已知的,否则应采用多次回波法进行测量。

(3) 一般腐蚀、磨蚀产品的表面比较粗糙,有点蚀的表面应打磨以去除锈斑,打磨时厚度不应减小到可接受的最小值以下。

2. 超声波测厚仪、探头、试块及耦合剂的选择

1) 超声波测厚仪的选择

超声波测厚仪选择时要考虑工件的形状、厚度及精度要求;在室外白天测厚,则应选择液晶屏亮度高、显示清晰、抗干扰能力强的超声波测厚仪。

2) 探头的选择

(1) 探头尺寸和频率的选择应能获得较窄的声束宽度,以精确测量限定的区域,并能穿透整个厚度范围。探头频率范围从测量高衰减材料使用的 100 kHz 到测量薄金属片使用的 50 MHz。超声波测厚应采用双晶或单晶纵波探头。

（2）对于薄的材料，一般使用高阻尼、高频率探头。高频（≥10MHz）延迟块探头可用于0.6mm左右厚度钢材料的测量；也可采用小焦距双晶探头进行薄材料的测量。对于双晶探头，焦距范围应覆盖被测产品的厚度范围，且应对声波传输V形路径的误差进行补偿。

（3）当测量较小厚度的工件时，可使用延迟块探头采用单次回波延时法或多次回波法进行测量。当延迟块材料声阻抗较低时，如塑料延迟块放在金属上测量，界面回波产生相位转变，应校正以获得准确的测量结果。

（4）当被测工件表面温度较高，延迟块作为热屏障使用时，延迟块应能承受被测产品的温度。测量前应了解温度对延迟块声特性的影响（声衰减和声速漂移）。探头制造商应提供探头可使用的温度范围和测量温度下的使用时间。

（5）在弧面上测量时，应保证探头直径远小于被测区域。

3）试块的选择

根据工件厚度来选择超声波测厚阶梯试块厚度范围。校准试块的声速和厚度应是已知的，且与被测产品材料相同或相似。校准试块可以是一组，也可以是阶梯试块。试块的厚度宜覆盖被测产品的厚度范围。其中试块的一个厚度值应不小于测量范围的最大厚度，试块的另一个厚度值应不大于测量范围的最小厚度。

4）耦合剂的选择

（1）根据被测工件表面状况、声阻抗和被测设备的工艺要求，选用声阻抗好，透声性能好，无气泡、黏度适宜的耦合剂。

（2）选用的耦合剂应对工件无腐蚀，对人体无害。常用耦合剂有水、机油、化学浆糊、水玻璃、甘油、洗洁精、黄油等。

（3）重要工件精确测厚时耦合剂应选用甘油。禁油设备测厚时应使用非油类耦合剂。

（4）被测表面比较粗糙的工件，应选用较浓稠的耦合剂，如水玻璃、浆糊或黄油等。

（5）在垂直面或顶面，宜选用较浓稠的耦合剂，以免耦合剂在垂直面流速过快。

3. 仪器的调试与校准

根据说明书和仪器操作规程的要求，测量之前应对测厚仪进行声速的调整和零位的校准。

1）声速已知时的校准

若已经知道材料的声速，则可预先调整好声速值，然后将探头置于仪器附带的试块上，调整零位，使仪器显示为试块的厚度即可。

2）声速未知时的校准

（1）采用由被测材料制成的阶梯试块，分别在厚度接近待测厚度的最大值和待测厚度的最小值进行校准。

（2）将探头置于较厚试块上,调整声速,使得测厚仪显示读数接近已知值。

（3）将探头置于较薄试块上,调整零位,使得测厚仪显示读数接近已知值。

（4）反复调整,直至量程的高、低两端都得到准确的读数即可。

（5）仪器的线性要用厚度不同的试块来校准。调整时将探头分别对准厚度不同的试块底面,使仪器显示相应的试块厚度。

4.　测量实施

对于正常条件下的厚度测量,预处理好被测工件表面并涂布合适的耦合剂,以排除工件和探头间的空气,根据实际情况,选择合适的测量方法对被测工件进行厚度测量。对于特殊条件下的厚度测量,则按照特殊条件下的厚度测量要求对被测工件进行厚度测量。

1）测量方法的选择

（1）一次测定法。在用单晶直探头测定厚度时,探头一般只需进行一次测量,测量一点的厚度。

（2）二次测定法。用双晶直探头测定厚度时需采用二次测定法,将分割面的方向旋转 $90°$,在同一测厚点进行两次测厚,以最小的测厚值为准。

（3）多点测量。也称为 30 mm 多点测量法,即在直径为 30 mm 的圆内进行多点测量,取最小读数为材料厚度值。

（4）精确测量。在规定的测量点周围增加测量点数目,厚度值的变化用等厚线来表示。

（5）连续测量。用单点测量方法以 5 mm 或更小的间距沿指定路线连续测量。

（6）管子壁厚测量。测量时应使探头中心线与管轴中心线相垂直,并通过管轴中心,测量的方向可以沿管子轴线,也可以沿垂直于管子的直线进行。当管子直径较大时,测量应在垂直方向上进行,当管子直径较小时,测量则应在垂直和轴线两个方向上进行,并取较小的显示值作为厚度值。

（7）网格测量法。在指定区域划上网格,按点测厚记录。此方法在高压设备、不锈钢衬里腐蚀监测中广泛使用。

2）特殊条件下的测量

（1）一般要求。应严格遵守关于安全使用化学品及电气设备的法规及程序,如要求高精度测量,宜在与被测产品环境温度相同时使用校准试块或参考试块进行标定。

（2）温度 0℃ 以下的测量。对于 0℃ 以下的测量,耦合剂应保持声学特性并且凝固点低于测量环境温度;当温度低于 $-20℃$ 时,宜使用特殊设计的探头,且遵循制造商建议限制接触被测产品时间。

（3）高温环境下的测量。当温度高于60℃时，应使用高温探头，且耦合剂应满足在检测温度下的使用要求。探头的接触时间应限定在制造商建议测量所需的最短时间内。

（4）危险环境下的测量。耦合剂不应与环境发生不良反应，并应保持其声学性能。

3）影响测量的因素

（1）工件表面粗糙度过大，造成探头与接触面耦合效果差，反射回波低，甚至无法接收到回波信号。对于表面锈蚀，耦合效果极差的在役设备、管道等可通过砂、磨、挫等方法对表面进行处理以降低粗糙度，同时也可将氧化物及油漆层去掉，露出金属光泽，使探头与被检物通过耦合剂能达到很好的耦合效果。

（2）工件曲率半径过小，尤其是小径管测厚时，因常用探头表面为平面，与曲面接触为点接触或线接触，声强透射率低（耦合不好）。可选用小管径专用探头（6 mm），能较精确地测量管道等曲面材料。

（3）检测面与底面不平行，声波遇到底面产生散射，探头无法接受到底波信号，此时应选择小晶片测厚探头。

（4）铸件、奥氏体钢因组织不均匀或晶粒粗大，超声波在其中穿过时产生严重的散射衰减，被散射的超声波沿着复杂的路径传播，有可能使回波湮没，造成不显示。可选用频率较低的粗晶专用探头（2.5 MHz）。

（5）探头接触面有一定磨损。常用测厚探头表面为丙烯树脂，长期使用其表面粗糙度增加，导致灵敏度下降，从而造成显示不准。可选用500♯砂纸打磨，使其平滑并保证平行度。如仍不稳定，则考虑更换探头。

（6）被测物背面有大量腐蚀坑。由于被测物另一面有锈斑、腐蚀凹坑，造成声波衰减，导致读数无规则变化，在极端情况下甚至无读数。可选用低频粗晶探头（频率≤2.5 MHz）减少杂波干扰。

（7）被测物体（如管道）内有沉积物，当沉积物与工件声阻抗相差不大时，测厚仪显示值为壁厚加沉积物厚度。

（8）当材料内部存在缺陷（夹杂、夹层等）时，显示值约为公称厚度的70%，此时可用超声波探伤仪进一步进行缺陷检测。

（9）温度的影响。一般固体材料中的声速随其温度升高而降低，有试验数据表明，热态材料每增加100℃，声速下降1%。对于高温在役设备常存在这种情况。应选用高温专用探头（300~600℃），切勿使用普通探头。

（10）层叠材料、复合（非均质）材料。要测量未经耦合的层叠材料是不可能的，因超声波无法穿透未经耦合的空间，而且不能在复合（非均质）材料中匀速传播。对于由多层材料包扎制成的设备（如尿素高压设备），测厚时要特别注意，测厚仪的示值仅表示与探头接触的那层材料厚度。

（11）耦合剂的影响。耦合剂是用来排除探头与被测物体之间的空气，使超声波能有效地穿入工件以达到检测目的。如果选择种类或使用方法不当，将造成误差或仪器中的耦合不良标志一直闪烁而无法测量。应根据情况选择合适的耦合剂：在光滑材料表面，选用低黏度耦合剂；在粗糙表面、垂直表面及顶表面，选用高黏度耦合剂；高温工件应选用高温耦合剂。此外，耦合剂应使用适量、涂抹均匀，一般应将耦合剂涂在被测材料的表面，但当测量温度较高时，耦合剂应涂在探头上。

（12）声速选择错误。测量工件前，根据材料种类预置其声速或根据标准块反测出声速。当用一种材料校准仪器后（常用试块为钢）去测量另一种材料时，将产生错误的结果。因此，在测量前一定要准确识别材料，选择合适的声速。

（13）应力的影响。在役设备、管道大部分存在应力，固体材料的应力状况对声速有一定的影响，当应力方向与传播方向一致时，若应力为压应力，应力作用使工件弹性增加，则声速加快；反之，若应力为拉应力，则声速减慢。当应力与波的传播方向不一致时，波动过程中质点振动轨迹受应力干扰，波的传播方向产生偏离。根据资料表明，一般随应力增加，声速缓慢增加。

（14）金属表面氧化物或油漆覆盖层的影响。金属表面产生的致密氧化物或油漆防腐层，虽与基体材料结合紧密，无明显界面，但声速在两种物质中的传播速度是不同的，从而造成误差，且随覆盖物厚度不同，误差大小也不同。

4）测量过程中的异常情况处理

（1）没有显示值。若被测工件曲率半径太小（耦合效果差）或背面存在大量点腐蚀（声波散射），测厚仪有可能无显示值，此时应用小直径探头或超声检测仪进行辅助测定。

（2）显示值比实际值大。若被测工件壁厚小于 3 mm 且背面比较光滑，为避免测厚仪的显示值有时为实际厚度的两倍，这时应采用小测距探头或专用探头。

（3）显示值比实际值小。当被检工件内部存在夹杂、分层等内部缺陷时，测厚仪显示值有可能小于实际厚度（常小于实际厚度的 70%）。此时应使用超声检测仪（用直探头或斜探头）对测厚点周围进行检测，确认是否受到缺陷的影响。

5. 结果评定

按照相应产品技术条件或相关技术标准要求，对被测工件的测量结果进行评定。

6. 记录与报告

按相关技术标准要求，做好原始记录及检测报告的编制和审批。

2.1.4　脉冲反射超声测厚技术在电网设备中的应用

1. 脉冲反射超声测厚辨别纯铜排和铜包铝排

开关柜铜排起到连接开关柜内部各种电气设备并传输、分配、汇集电流的作用，通常采用铜及铜合金制作。根据《电工用铜、铝及其合金母线 第1部分:铜和铜合金母线》(GB/T 5585.1—2018)规定,铜及铜合金母线的材质应满足表2-5所列要求。

表2-5 铜及铜合金母线化学成分

材料种类	化学成分/%	
	铜+银不小于	其中含银
铜母线(TM)	99.90	—
一类铜银合金母线(TH11M)	99.90	0.08~0.15
一类铜银合金母线(TH12M)	99.90	0.15~0.25(不包括0.15)

根据母线状态不同,导电率要求不同。软态母线(R)导电率不低于100%IACS,硬态母线(Y)导电率不低于97%IACS,这与《12 kV~40.5 kV高压开关柜采购标准 第1部分:通用技术规范》(Q/GDW 13088.1—2018)标准5.10.2条款"母线材质为T2铜,导电率≥96.6%IACS"的规定相符合。

随着铜价上涨,为减少用铜量,出现了一种以铝合金为基体外层包覆铜的新型母线,根据铜和铝的特性,采用特定的工艺使铜、铝两种金属的界面之间相互融合或扩散,形成紧密的冶金结合,该复合导体称为铜包铝排或铜铝复合排,其实物和示意如图2-16所示。

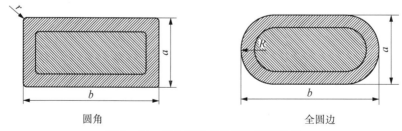

圆角　　　　　　　　　　　　　　全圆边

图2-16 铜包铝排实物图和截面示意

根据《输变电设备用铜包铝母线》(DL/T 247—2012)规定,铝芯含铝量不低于99.7%,铜层含铜量不低于99.90%(T2)。根据国家电网有限公司印发的《电网设备电气性能、金属及土建专项技术监督工作要求》,依据《铜及铜合金导电率涡流测试方法》(GB/T 32791—2016),采用导电率涡流测试法对开关柜铜排进行导电率检测,导电率应不低于 96.6%IACS。

依据标准规定,优选 60 kHz 及 120 kHz 进行测试,当铜包铝排表面铜层导电率在 100%IACS 上下时,其涡流渗透深度分别为 0.268 mm 及 0.190 mm。由于铜包铝排外部包覆的铜层为 T2 纯铜且具有一定厚度,采用涡流法检测时只能检测出表面铜层导电率是满足要求的(见图 2-17),在不拆解看到横断面的情况下,难以分辨是采用的纯铜排还是铜包铝排。

由于铜和铝的声阻抗相差较大,在铜铝冶金结合面会形成明显的超声波反射,因此,根据这一特点,可以采用脉冲反射法超声测厚技术来辨别纯铜排和铜包铝排。

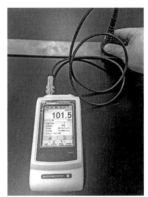

图 2-17 某规格铜包铝排表面铜层涡流法导电率测试结果

现有一规格为 TBLM-QR-5×50 mm 的铜包铝排试件,全圆边形截面,厚度为 5 mm,宽度为 50 mm,软态。在不裁切看到横截面的前提下采用脉冲反射超声波测厚法来辨别是否为铜包铝排。

1) 测量前的准备

(1) 样品确认:被测样品表面应清洁、平整,无表面松散及非黏性涂层。测量接触区域不小于探头直径的 2 倍。

(2) 检测时机:在到货验收阶段或安装调试阶段进行现场检测。

(3) 检测环境:应严格遵守关于电气设备的法规及程序。在 0℃以下测量时,耦合剂应保持声学特性并且凝固点低于测量环境温度。

2) 仪器、探头、校准试块、耦合剂的选择

(1) 超声测厚仪:Dakota Ultrasonics PX-7 型超声测厚仪,测量范围为 0.15～25.40 mm,20 mm 以下时分辨率为 0.001 mm,20 mm 以上分辨率为 0.01 mm。

(2) 探头:频率 15 MHz,单晶,带延迟块,直径 6.35 mm[1/4 英寸(in, 1 in= 2.54 cm)]。

(3) 试块:T2 纯铜阶梯试块或碳钢阶梯试块。

(4) 耦合剂:机油。

3) 仪器校准及测量方式的选择

(1) 校准。采用 T2 纯铜阶梯试块或碳钢阶梯试块,采用 T2 纯铜阶梯试块时校准得到的声速和待检铜包铝排表面铜层声速相近,可以直接测量铜层厚度。采用碳钢阶梯试块校准时,校准完成后需将声速修改成铜的声速,或将检测结果按比例换

算,即采用碳钢阶梯试块校准,得到声速约为 5 900 m/s,此时可以直接将声速修改成 4 700 m/s 后用于测厚,或者将得到的检测结果乘以 47/59,得到铜层厚度。

(2)测量方式选择。采用单次回波延时法,即测量延迟块界面波与第一次底面回波之间的时间,乘以材料声速得到厚度。

4)测量实施

采用碳钢阶梯试块校准仪器后直接测量铜包铝排,用机油耦合,将探头紧密贴合,数据稳定后得到测量数据。

图 2 - 18 超声波测厚结果

5)结果评定

测量结果如图 2 - 18 所示。由于采用碳钢阶梯试块校准,需对结果进行修正,得到铜层厚度为

$$d = 0.654 \times \frac{4\,700}{5\,900} = 0.521 \text{ mm}$$

由测量结果可知铜层厚度为 0.521 mm,远小于 5 mm,说明该试件不是纯铜排,在内部为与铜存在较大声学差异的其他材料,铜包铝排的可能性较大。

6)记录与报告

根据相关技术标准要求,做好原始记录及检测报告的编制、审批、签发等。

2. 开关柜覆铝锌板脉冲反射法超声测厚

开关柜用覆铝锌板是在碳钢或低合金钢基体上连续热浸镀铝锌合金镀层形成的一种耐腐蚀的结构板材。表面铝锌合金镀层中铝的质量分数约为 55%,硅的质量分数约为 1.6%,其余成分为锌。相对于纯锌镀层、锌铁合金镀层、锌铝合金镀层,铝锌合金镀层在大多数腐蚀环境下具有更好的防腐性能,具备出色的镀层隔绝保护和电化学保护作用。

除了应具有良好的防腐性能外,覆铝锌板的厚度也是衡量其质量的重要参数之一。为了防止因厚度较小导致的变形等问题,根据 Q/GDW 13088.1—2018 中 5.2.8 条规定"柜体应采用敷铝锌钢板弯折后拴接而成或采用优质防锈处理的冷轧钢板制成,板厚不应小于 2 mm"。

图 2 - 19 开关柜实物图

2022 年 7 月 12 日,对江苏省某供电公司变电站开关柜柜体厚度进行抽检(见图 2 - 19),检测标准依据为《无损检测 超声测厚》(GB/T 11344—2021)。

1）测量前的准备

（1）资料收集。收集开关柜生产厂家等相关信息，明确抽检部位和数量。

（2）表面状态确认。确定待测开关柜覆铝锌板表面应清洁、平整，无表面松散及非黏性涂层。测量接触区域不小于 2 倍探头直径。

（3）检测时机。在设备到货验收阶段或安装调试阶段进行现场检测。

（4）检测环境。应严格遵守关于电气设备的法规及程序。对于 0℃ 以下的测量，耦合剂应保持声学特性并且凝固点低于测量环境温度。

2）仪器、探头、校准试块、耦合剂的选择

（1）仪器：Olympus 27MG 型超声测厚仪，测量范围为 0.71～50 mm，分辨率为 0.01 mm。

（2）探头：D798 型双晶探头，频率为 7.5 MHz，探头直径为 $\phi 7.2$ mm。

（3）耦合剂：纤维素水溶液。

（4）试块：碳钢阶梯试块。

3）仪器校准及测量方式的选择

（1）仪器校准。采用碳钢阶梯试块，两点法校准，即需要同时对声速和零点进行校准，且保证校准用的两个厚度值覆盖待检开关柜厚度，如要测试开关柜覆铝锌板的厚度 2 mm 左右，则采用 1 mm 和 3 mm 的阶梯试块校准。校准完毕，需在阶梯试块上再次复核确认。

（2）测量方式选择。采用单次回波法，即测量初始脉冲和第一次底面回波之间的时间，乘以材料声速得到厚度。

4）测量实施

校准完毕，在被测部位表面涂上纤维素水溶液耦合，将探头紧密贴合待检工件，数据稳定后得到所测厚度数据。测量完毕应将仪器、探头及探头线进行归整，并清理现场。

5）结果评定

经测量，开关柜覆铝锌板厚度为 2.02～2.05 mm，符合相关标准要求。

6）记录与报告

根据相关技术标准要求，做好原始记录及检测报告的编制、审批、签发等。

3. 变压器端子箱体脉冲反射超声测厚

变压器端子箱作为户外壁挂式结构安装在变压器外壁上，通常采用冷轧钢板或不锈钢板制作。为了保护内部电子器件，通常开有通风孔，以免潮气凝结，同时内部置有照明加热、温湿度控制功能。由于变压器多数情况下是露天运行，其端子箱材质、厚度等关键参数决定了其抵抗大气腐蚀的能力和抗变形能力。由于端子箱内部设有电子器件，端子箱厚度过薄的话在长期户外运行条件下容易出现变形、密封不良现象,不利于电力设备的安全。因此在设备到货验收阶段对变压器端子箱开展厚度检测具有重要意义。

图 2-20 变压器端子箱

根据国网金属专项技术监督工作通知要求,2020 年 6 月 18 日对某公司 220 kV 某变电站新建工程的变压器端子箱体开展超声波厚度测量工作。变压器端子箱材质为 304 不锈钢,如图 2-20 所示。

检测标准:GB/T 11344—2021。

质量判定依据:《电网设备金属技术监督导则》(Q/GDW 11717—2017),户外密闭箱体(控制、操作及检修电源箱等)应具有良好的密封性能,其公称厚度不应小于 2 mm,厚度偏差应符合《不锈钢冷轧钢板和钢带》(GB/T 3280—2015)的规定,如采用双层设计,其单层厚度不得小于 1 mm。户内密闭箱(汇控柜)应采用敷铝锌钢板弯折后拴接而成或采用优质防锈处理的冷轧钢板制成,公称厚度不应小于 2 mm,厚度偏差应符合《连续热镀锌和锌合金镀层钢板及钢带》(GB/T 2518—2019)的规定,如采用双层设计,其单层公称厚度不得小于 1 mm。

变压器端子箱箱体超声波测厚主要操作步骤如下。

1) 测量前的准备

(1) 查阅资料。收集变压器端子箱生产厂家等信息,明确抽检部位和数量。

(2) 表面状态确认。确定待测变压器端子箱箱体表面应清洁、平整、无污物。

(3) 检测时机。设备到货验收阶段或安装调试阶段进行现场检测。

2) 仪器、探头、校准试块、耦合剂的选择

仪器:奥林巴斯 38DL 超声测厚仪。

探头:带有延迟块的探头,频率 20 MHz,型号 M208。

校准试块:304 不锈钢 7B 阶梯试块。

耦合剂:超声波测厚专用耦合剂。

3) 仪器校准

根据仪器操作规程,在 7B 阶梯标准试块上,对奥林巴斯 38DL 超声测厚仪进行 2 点法校准。

4) 测量实施

由于变压器端子箱表面较为平整,宜选用单次回波测量法。在待测点上涂上耦合剂,擦干净探头表面,把探头垂直放在涂有耦合剂的待测点上,直接读出测量结果。测量结果如表 2-6 所示。

表 2 - 6　变压器端子箱体各测点厚度值

测点位置	箱体顶面			箱体正面			箱体右侧面			箱体左侧面		
测点编号	1	2	3	1	2	3	1	2	3	1	2	3
厚度/mm	1.36	1.28	1.30	1.52	1.53	1.50	1.22	1.26	1.30	1.31	1.36	1.2

由于现场客观条件所限,箱体背面无法进行检测,因此,只能对箱体的顶部、正面、左侧面、右侧面等进行检测。各检测面上选择不少于 3 个点进行超声厚度测量并记录。

5）结果评定

实测变压器端子箱最大厚度为 1.53 mm,且不是双层设计,不符合相关标准要求,故不合格。

6）记录与报告

根据相关技术标准要求,做好原始记录及检测报告的编制、审批、签发等。

4. 变电站环形混凝土电杆钢板圈脉冲反射超声测厚

某 220 kV 变电站于 2007 年 10 月投运,其构支架采用环形混凝土电杆结构。电杆连接处普遍采用的是玻璃钢(环氧树脂＋玻璃纤维)包覆钢板圈的典型防腐工艺,由于施工工艺不良以及环氧树脂易老化等原因,玻璃钢包覆层与钢板圈之间易产生间隙,内部长期积水,导致电杆钢板圈锈蚀严重(见图 2 - 21),大大降低了电杆的承载能力,威胁电网安全运行。为了评估电杆继续服役的安全可靠性,进行了混凝土电杆钢板圈超声波厚度测量。

图 2 - 21　电杆钢板圈锈蚀

1）测量前的准备

（1）资料查阅。查阅相关图纸,得知该钢板圈设计厚度为 10 mm。

（2）表面状态确认。测量前对待测点进行打磨,确保表面粗糙度符合检测要求。

2）仪器、探头、校准试块、耦合剂的选择

仪器:美国 GE DM5E 型超声测厚仪。

探头：直径 12 mm、频率 5 MHz 的 DA501 标准探头。

校准试块：304 不锈钢 7B 阶梯试块。

耦合剂：由于腐蚀后钢板圈表面凹凸不平，较为粗糙，选用黄油作为耦合剂。

3）仪器校准

根据仪器操作规程或者说明书，在 304 不锈钢 7B 阶梯标准试块上，进行仪器的调试与校准。

4）测量实施

采用一次测定法对钢板圈进行厚度测量，测量结果如图 2－22 所示。

图 2－22　钢板圈厚度测量

5）结果评定

现场测量结果显示该钢板圈厚度已不足 8 mm，低于设计要求的 10 mm，减薄超过 20%，腐蚀相当严重，根据相关标准评估为危险状态，应及时进行补强或更换。

6）记录与报告

根据相关技术标准要求，做好原始记录及检测报告的编制、审批、签发等。

5. 输电线路钢管杆内壁腐蚀脉冲超声测厚

钢管杆多分布在城区人员活动密集区，一旦发生倒杆、横担掉落等事故，后果难以估量。目前，一些输电线路钢管杆服役十几年，对其安全状况缺少深入掌控，且已有部分公司发生过钢管杆倾倒事故。

针对可能存在的隐患，对某地市公司开展了城区线路钢管杆内壁腐蚀情况调查。发现某 110 kV 线路 11 号钢管杆内部积水严重，积水深度达 2 m 以上，杆子基础保护帽被水长期浸泡出现鼓包现象（见图 2－23）；为了评估该钢管杆的腐蚀程度，对其管壁进行了超声波测厚。

图 2－23　钢管杆基础保护帽鼓包

1）测量前的准备

（1）资料查阅。查阅相关图纸，该钢管杆设计壁厚为 8 mm。

（2）表面状态确认。钢管杆待测表面较平整，未经打磨处理。

2）仪器、探头、校准试块、耦合剂的选择

仪器：美国 GE DM5E 型超声测厚仪。

探头：直径 12 mm、频率 5 MHz 的 DA501 标准探头。

校准试块：304 不锈钢 7B 阶梯试块。

耦合剂：洗洁精。

3）仪器校准

根据仪器操作规程或者说明书，在 304 不锈钢 7B 阶梯标准试块上，进行仪器的调试与校准。

4）测量实施

采用单次回波法对管子壁厚进行测量，结果如图 2‒24 所示。

5）结果评定

现场实测钢管杆最薄处厚度仅为 4.90 mm，低于设计要求的 8 mm，腐蚀减薄达 39％，存在严重安全隐患，应对其开展强度校核，加强巡视和维护，尽快进行更换。

6）记录与报告

根据相关技术标准要求，做好原始记录及检测报告的编制、审批、签发等。

图 2‒24　钢管杆壁厚检测

2.2　电磁超声测厚技术

2.2.1　电磁超声测厚原理

基于压电超声在管材测厚时的不足，人们热点研究的电磁超声无需耦合剂、非接触检测等特性很好地克服压电超声的缺点，能解决板材、管材的自动测厚问题。电磁超声测厚从理论上说，电磁超声产生的横波和纵波均可行，但在实际应用中，由于探头难度和适用性，一般都是利用电磁超声产生横波的机理来进行设备制造和超声测厚。因此，本部分讲解内容在对电磁超声纵波测量机理简介的基础上，最终重点还是落在电磁超声横波厚度的测量机理。

1. 电磁超声测厚原理

1）电磁超声纵波测量机理

纵波是指质点的振动方向与波的传播方向相互平行的波，也称为"疏密波"，纵波的传播过程是沿着波前进的方向出现疏密不同的部分，实际上，纵波是由介质发生拉伸或压缩而产生形变造成的，因此纵波只能在拉伸或压缩的弹性介质中传播，一般的固体、液体和气体都可以进行拉伸或压缩，所以它们三者都可以传递纵波。

一般电磁超声纵波换能器结构如图 2-25 所示。马蹄形的永磁铁或电磁铁提供的电场方向沿着待测试件表面，磁场的方向与交变激励线圈中的电流方向互相垂直，线圈中电流方向垂直于纸面向内或向外，在待测金属试件表面感生涡流的方向与激励线圈中电流方向相反，涡流中带电粒子在外置偏置磁场作用下受到垂直于待测试件表面的洛伦兹力，带电粒子发生振动，产生电磁超声纵波，沿着待测试件向下传播。

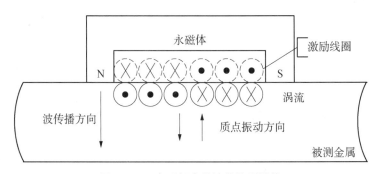

图 2-25　电磁超声纵波换能器结构

由于在换能器工作过程中，并没有做到永磁铁或电磁铁与待测金属试件表面完全垂直或者平行，所以在电磁超声换能器工作的时候，同时存在横波和纵波。在电磁超声横波换能器中，纵波的强度很微弱；在电磁超声纵波换能器中，产生横波的强度比较弱。

2）电磁超声横波测量机理

横波是指质点的振动方向与波的传播方向相互垂直的波。横波是由于待测试件受到剪切应力的作用而发生剪切形变产生的，剪切力的方向和待测试件中带电粒子振动方向一致，并与超声波的传播方向垂直。因此，产生横波时，必须有介质的剪切形变，在物质的三种形态中（固体、液体和气体），只有固体中能产生剪切形变，所以超声横波只能在固体中产生并在固体中进行传播。

由上述描述可知，水平剪切力的存在是产生超声横波的必要条件，所以电磁超声换能器在工作过程中需要使得待测试件中的带电粒子受到水平方向的剪切力。外加偏置磁场的方向和线圈中电流方向是需要考虑的因素，即需要考虑偏置磁场和线圈位置关系。如果外加磁场的方向是垂直于待测试件向下的,感生出的涡流的方向垂直于纸面向里或者向外,则待测试件内的带电粒子的受力将平行于待测试件的表面,在待测试件内部将会产生剪切形变,为横波的产生提供了条件。电磁超声横波换能器的结构如图 2-26 所示。

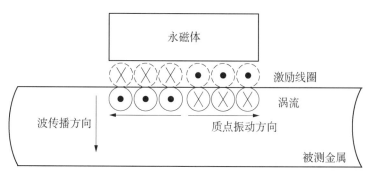

图 2-26　电磁超声横波换能器结构

如图 2-26 所示,永磁铁提供垂直于待测试件表面的磁场,激励线圈通有垂直于纸面的交变电流,在待测试件内感生出涡流的方向与交变电流的方向相反,由洛伦兹力定律知,待测试件内涡流中带电粒子受到洛伦兹力的方向是平行于待测试件表面的,待测试件就受到交替变化的力的作用,试件内部相邻界面发生相互作用,产生剪切形变。这种试件内部的剪切形变通过内部相邻界面的交界处进行传递,在传递的过程中伴随着超声波的传播。

3) 回波时间间隔的计算

反射法的优点是只用单一换能器、可以从被测金属表面的一侧进行测量和结构简单等。由于主要采用反射法进行金属厚度的测量,待测的参数就是回波时间间隔的计算。如图 2-27 所示,电磁超声回波信号是由头波以及一级回波等各级回波信号组成,计算发射脉冲头波信号 B0 与一次回波信号 B1 之间的时间差,各回波信号一般选取波峰对应的时刻为有效的时刻。这种计算时间差的方法一方面假如待测金属试件的厚度比较薄,一次回波距离头波信号时间比较短,会淹没头波信号,造成测量的误差;另一方面会造成后面各级回波信号时刻的资源浪费。一种较为有效的计算方法是对各级回波信号进行初步筛选,去除一些回波较弱的回波,再对头波和各级回波之间的时间差进行计算,然后对计算的各级回波之间的时间差进行平均处理,最后结果作为最后的时间间隔 Δt。

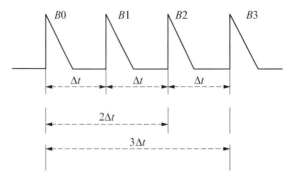

图 2 - 27　回波时间间隔 Δt 测量示意图

4）电磁超声横波厚度测量原理

如图 2 - 28 所示是电磁超声横波厚度测量原理,对换能器的高频发射线圈通一强大的脉冲电压在铁磁材料内感应出涡流,在偏置磁场的作用下,材料体内激发出频率相同的电磁超声波,通常为传播方向与振动方向相互垂直的横波。在铁磁材料边界面上电磁超声的透射能力低,所以材料内的电磁声可以多次在工件体内来回反射,回波被放置在金属材料上的线圈所接收,则超声波往返在工件中传播的时间 T_n 即为收集到的两个回波信号的时间差。

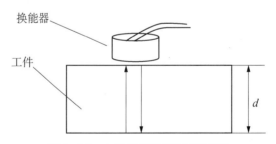

图 2 - 28　电磁超声横波测厚示意图

假设被检工件的声阻抗为 Z_1,空气的声阻抗为 Z_2,对于图 2 - 28 中垂直入射的超声波,可知反射系数 R 和透射系数 T 分别为

$$R = \left(\frac{Z_1 - Z_2}{Z_1 + Z_2}\right)^2 \qquad T = \frac{4Z_1 Z_2}{(Z_1 + Z_2)^2}$$

在上式中,被检工件的声阻抗 Z_1 远远大于空气的声阻抗 Z_2,所以,反射系数 R 近似等于 1,透射系数 T 近似为 0,也就是说,超声波在交界面处发生全反射,且在被检工件的上下表面来回反射。因此,被检工件厚度的计算公式为

$$d = CT_n/2 \tag{2-7}$$

式中,d 为工件的厚度;C 为电磁超声在工件中传播的速度;T_n 为两个回波信号波峰的时间差。

在测厚中,通过硬件电路接收到两次超声回波,并测出两者之间的时间差,由计算机输入的声速值,例如钢中横波波速为 3 230 m/s,就能计算和显示被检工件的厚度。

2. 电磁超声测厚技术的特点

1) 电磁超声测厚的优点

(1) 无需耦合剂,可非接触测量,因此,对于粗糙表面、高低温等工况条件下都可以测量。

(2) 测量精度高。电磁超声测厚一般采用横波,声速低,波长短,相同传播路径传播时间长,尤其是薄壁测量时波包更易分辨。

(3) 测量结果的准确性不受工件表面涂覆层的影响,因为测量探头是直接在工件表面激励和接受超声波,超声波只在被测工件内部传播而不在涂覆层中传播。

(4) 对粗晶材料有较好的穿透性,适宜粗晶材料大壁厚测量。

(5) 换能器可以制成柔性前端,使得线圈与复杂工件表面容易贴合,对复杂表面工件的测量也能进行。

2) 电磁超声测厚的局限性

(1) 受被测工件材料的电磁特性影响,如果材料换能效率低,则信号弱,无法测厚。

(2) 激发电压高,易燃、易爆场合对仪器、传感器的安全性要求高。当被测工件有杂散电平或环境周围存在较强电磁干扰,对仪器和换能器的接地和抗干扰要求高。

(3) 对有剩磁或强磁影响的被测工件不能使用。

2.2.2　电磁超声测厚设备及器材

电磁超声测厚设备及器材主要包括电磁超声测厚仪、电磁超声换能器(探头)、试块等。

1. 电磁超声测厚仪

国内最早的电磁超声测厚仪是武汉中科创新技术股份有限公司制造的 HS F91 型电磁超声测厚仪及 HS P9s 笔式电磁超声测厚仪,分别如图 2-29、图 2-30 所示。

电磁超声测厚仪主要由主控电路、激励发射电路、信号接收处理电路和 AD 采集电路等部分组成,如图 2-31 所示。

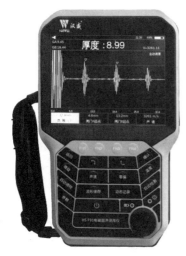

图 2‐29 武汉中科 HS F1 电磁超声测厚仪

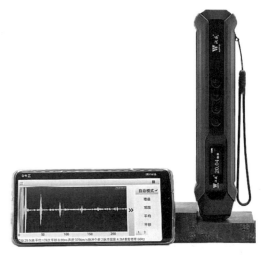

图 2‐30 武汉中科 HS P9s 笔式电磁超声测厚仪

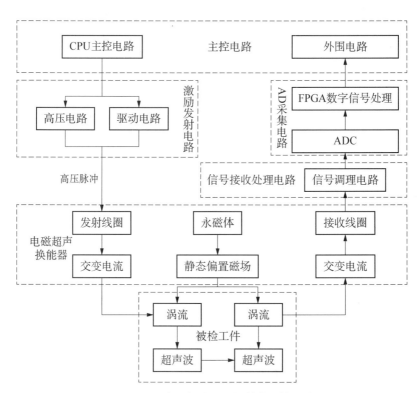

图 2‐31 电磁超声测厚仪基本结构组成

电磁超声测厚仪接上电源,主控芯片 CPU 接收到上位机软件发出的命令后,控制激励发射电路产生高压脉冲,高压脉冲经过驱动电路将其作用在电磁超声换能器的激励线圈上产生超声波,超声波在被检工件下表面反射后被激励线圈所接收,回波信号在信号接收处理电路中依次经过前卫电路、放大电路和滤波电路之后,AD 采集电路将其模拟回波信号转换为数字信号被存储在 FLASH 里面。主控芯片 CPU 控制 FPGA 将数字信号取出,并进过网口传输到上位机上进行软件处理。

(1) 主控电路。包括 CPU 及其外围电路,其中外围电路包括显示、按键、网口通信电路等。主控电路的作用是控制所有其他功能,包括高压、放大、滤波等电路,使其按程序发挥功能。

(2) 激励发射电路。激励发射电路目的是产生高压脉冲,包括驱动电路和高压模块。高压电路经过金属-氧化物半导体晶体(metal-oxide semiconductor,MOS)管开关后,形成高压脉冲。

(3) 信号接收处理电路。主要指信号调理电路,包括前卫电路、滤波电路和放大电路。信号接收处理电路将接收到的高压信号,经过前卫、放大和滤波电路进行信号处理,以此提高信噪比。前卫电路的作用是处理高压信号,对整个电路进行保护,防止芯片烧坏。

(4) AD 采集电路。AD 采集电路的作用是把模拟信号转换成数字信号,包括现场可编程门阵列(field-programmable gate array,FPGA)+模数转换器(analog to digital converter,ADC)电路和外部闪存(flash memory,FLASH)电路。

2. 电磁超声换能器

电磁超声换能器,即电磁超声探头,如图 2 - 32 所示。

电磁换能器性能的优劣将直接影响电磁超声信号的质量和检测结果的可靠性,而且电磁超声具有较大的插入损耗,电声转换效率低,接收信号易受到噪声的污染,所以换能器的设计是电磁超声主要研究方向之一。

电磁超声换能器由用于提供外加磁场的磁铁、激发高频电流的高频线圈以及具有导电性或铁磁性的检测对象三部分组成。根据电磁超声检测原理,如果外加磁铁的磁化方向或者高频线圈的激励电流方向发生变化时,被检体内受到的洛伦兹力方向随之也会发生变化,那么在被检体中会激发出不同的超声波模式,因此测厚换能器的设计主要是偏

图 2 - 32　武汉中科创新 HS F1 电磁超声测厚探头及手柄

置磁场和激励线圈的设计。

1）偏置磁场

偏置磁场可以由永磁铁或电磁铁构成，永磁铁一般是由钕铁硼等材料制成，具有稳定的磁性，能够提供较强的偏置磁场，其磁导率与空气接近，受外界影响较小，钕铁硼材料又不会受到外界的机械振动和电磁噪声等环境的干扰，检测灵敏度较高，在一定程度上提高了换能器的抗干扰能力。根据换能器的结构又可以将永磁铁做成立方体形和马蹄形，分别和激励线圈相互作用产生电磁超声横波和纵波。永磁铁也存在一定的缺陷，首先永磁铁的磁性比较强，在检测过程中很容易与铁性材料吸合造成不必要的事故和麻烦。制作特定形状的永磁铁也比较困难。

电磁铁由铁芯和通电线圈组成，在使用的时候可以在线圈中通直流、交流和脉冲电流，所以电磁铁一般分为直流电磁铁、交流电磁铁和脉冲电磁铁。与永磁铁相比，电磁铁最大的优点在于可以通过改变电流的方向和大小来改变磁场的方向和大小。另外电磁铁在通电的时候才会有磁性，所以很容易与铁性材料相互分离。但是直流电磁铁的磁化效率比较低，想要获得同等的磁场强度，需要提供更大的铁芯或者增加绕制线圈的匝数，这使得电磁铁的体积变大，在一些应用中受到了限制。交流电磁铁在工作时，由于电流的大小和方向是变化的，所以产生的磁场也是变化的，不能提供一个稳定的偏置磁场。此外交流电磁铁在电磁超声检测时，会引入较强的电磁干扰，降低了超声波的信噪比，不利于回波信号的提取。因此一般选用的换能器的偏置磁场是由永磁铁提供的。

2）激励线圈

激励线圈是电磁超声换能器的重要组成部分，其形状的不同会影响换能器的换能效率，常见的激励线圈的形状有回折形和螺旋形。将不同结构的磁体和不同结构的激励线圈相互搭配时，会激发出不同形式的涡流，进而产生各种类型的超声波。回折线圈主要包括回字形、吕字形、蛇形线圈，与不同磁体相搭配可以激发板波、表面波和角度波等；螺旋线圈主要有圆形、跑道形线圈，它们与不同磁体相搭配，可以激发横波和纵波，其中线圈与外置磁场相互平行时，可以产生纵波；与外置磁场相互垂直时，可以激发出横波。在我们选用的电磁超声换能器中，采用跑道形线圈和外加偏置磁场相互垂直的方案来激发电磁超声横波进行金属的厚度测量。由于在电磁超声检测的过程中，偏置磁场没有完全与激励线圈相互垂直，会有少量的纵波伴随在检测中。

激励线圈的绕制难度比较大且不能保证导线之间的间隙均匀，目前制作激励线圈的方式有印刷电路技术、排线和导线等。现在广泛应用的印刷电路技术可以保证导线间的间隙均匀且间隔精准，可以在适当范围内调节频率以满足不同的检测需求，在一定程度上降低了线圈的导通电阻，换能器的耐久性得到提高。

3. 试块

电磁超声测厚试块分为校准试块和模拟试块。

1）校准试块

校准试块用于声速的校准。其材质与热处理状态与被测工件相同,且声速和厚度已知。

校准试块的形状为阶梯或者圆柱形,其尺寸由电磁超声传感器线圈尺寸和最深厚度上声束的扩散范围决定。采用圆柱试块校准时,选用两块厚度分别为被测工件的最小厚度、最大厚度的圆柱试块。当被测工件最小、最大厚度差不大于 10 mm 时,也可采用一块厚度为被测工件平均厚度的试块。

当被测工件处在非常温时,校准试块采用直径为 100 mm 圆柱形试块,厚度分别为被测工件的最小、最大厚度,且在校准时要将试块加热或冷却至被测工件同样的温度。

2）模拟试块

模拟试块用于验证检测的有效性或作为对比的参照,其材质、表面状况与被测工件相同,厚度范围应包括被测工件的最大和最小两个厚度。

模拟试块主要适用于连续曲率变化的弯曲工件(弯管、铸造弧面等)、曲率较大的工件(如小径管)、带有导电或导磁覆盖层和规则纹理表面的被测工件。模拟试块使用时应加热或冷却至被测工件工况温度。

4. 电磁超声测厚仪器的运维管理

（1）校准。电磁超声测厚仪每年应按现行有效的方法在有资质的机构进行定期校准并满足使用要求。

（2）核查。当出现以下情况时应对仪器进行核查:每次工作前和结束后;在探头或导线更换时;被测材料类型改变时;工作表面温度变化较大时;怀疑仪器设备工作不正常时等。

2.2.3 电磁超声测厚通用工艺

电磁超声测厚技术是将电磁激发线圈结构整合为一个完整的电磁探头,将该探头放置在待检工件表面即可检测出工件厚度。其通用工艺主要包括被测工件表面的选择和准备,仪器、探头及校准试块的选择,仪器设备的校准,测量实施,结果评定,记录与报告等。

1. 被测工件表面的选择和准备

被测工件表面应无影响检测的障碍物和干扰检测的异物,如有影响检测的破碎氧化皮、铁屑、疏松腐蚀残余或金属颗粒以及易造成换能器接触面损坏的尖突等,则必须清除。对于不同的测厚工件表面,其处理要求不一样。

1）带有覆盖层表面的处理要求

（1）不影响测量信号获取的较薄非导电、非导磁覆盖层，包括存在破损的覆盖层，无须清理。

（2）存在较厚非导电、导磁覆盖层时应增加提离高度，若仍无法获取检测信号应清除覆盖层，清除范围为探头接触面的2倍。

（3）存在导电、导磁覆盖层时，声波首先在覆盖层中产生并传播再进入被测材料本体传播，应考虑覆盖层厚度对测量结果的影响并对测厚结果进行修正以得到本体的准确厚度。如果导电、导磁覆盖层有破损时，需打磨平整再进行测量。

2）腐蚀表面的处理要求

（1）对于那些不影响测量的均匀腐蚀表面，可以不做处理。

（2）坑蚀或点蚀形成的粗糙表面会使检测信号变形和换能效率降低，造成超声的传播时间难以准确测量，因此需要对其表面进行处理，如果测厚精度要求不高或者波形变化对测量结果影响可以忽略，则表面可以不做处理。

3）焊缝表面的处理要求

（1）对有余高的焊缝或焊接波纹明显的表面，应打磨平整。

（2）如采用柔性接触前端电磁超声换能器，如果能获得良好信噪比信号，也可不必打磨。

4）弯曲表面的处理要求

连续曲率变化的弯曲表面如弯管、铸造弧面，以及曲率较大的表面如小径管，需要清除障碍物和干扰测厚的异物。

5）相对规则的纹理表面处理要求

若规则纹理表面的凹凸差在2mm以内（如离心球墨铸管），清除障碍物和干扰测量的异物后，确认可以获得足够信噪比的测量信号后再实施测量。

2. 仪器、探头及校准试块的选择

1）仪器的选择

电磁超声测厚应选用具有A扫描显示且能进行手动参数设置的测厚仪。如检测奥氏体不锈钢材料试件，若该材料电磁超声换能效率较低、衰减较大（高温材料）、背景噪声大（粗晶材料），在检测过程中信噪比差，说明测厚仪自动选值错误导致测量误差增大。如果具备手动参数调整功能，则可在检测中实时调整闸门等参数，最终使测量结果更加准确。

2）探头的选择

根据具体的检测对象，正确选择合适的电磁超声探头，包括激发的超声波模式、被检测材料声学特性等，采用横波检测时，一般使用跑道型线圈，外加恒定永磁铁激发出超声波。

电磁超声探头的中心频率随着提离距离、被检材料及其温度在一定范围内发生变化。特定的检测状况下电磁超声探头的工作频率是确定的。根据被检材料厚度 d 的范围，参照表 2-7 选择合适工作频率的探头。

表 2-7 不同厚度、不同晶粒度下电磁超声探头的频率选择

被检材料厚度 d/mm	材 料 类 型	
	细晶材料的探头频率/MHz	粗晶材料的探头频率/MHz
$d \leqslant 0.5$	>20	$\leqslant 10$
$0.5 < d < 1.5$	$10 \sim 20$	
$1.5 \leqslant d \leqslant 20$	$4 \sim 10$	$\leqslant 5$
$20 < d < 50$	$3 \sim 5$	
$50 \leqslant d \leqslant 200$	$2 \sim 4$	
$d > 200$	<2	

此外，根据现场测厚的不同工况、不同条件，选择电磁超声探头时，还应注意以下一些特殊情况。

对于检测中提离距离、温度、表面状况稳定，电磁超声探头工作频率不变或变化很小的情况，选择窄频探头；反之，对于检测中提离距离、温度、表面状况变化较大，电磁超声探头工作频率变化较大的情况，则选择宽频探头。

对于高温测厚的探头，应满足在一定接触时间内的耐温性能和良好的散热恢复性。

对于铁磁性粉屑较多的场合，选用电磁铁式探头。

对于弯曲表面工件或管道，大曲率表面测厚应选用小尺寸探头，小曲率曲面根据实际需求选择探头或选用柔性接触前端探头。

3）校准试块的选择

校准试块应采用与被检测试件材料性能相同或相近的材料制作，试块中不允许存在大于或等于 $\phi 2\,mm$ 平底孔当量直径的缺陷，试块作用是校准超声波声速和仪器的零偏，以便在实际检测中精准测量厚度。

3. 仪器设备的校准

开机后将探头放置在校准试块表面，按照仪器设备操作说明书和操作规范、操作规程来校准超声波声速以及探头的零偏值等。校准完成后，保存当前的校准参数。

注意：校准试块的温度与被测工件的温度相同，如果温度有差异，则应对声速值进行修正，否则测量结果偏差大。因为材料在不同温度下的声速值差异比较大，且声速随温度变化是非线性的。

4. 测量实施

仪器设备校准完毕,根据作业指导书进行厚度测量。

1) 测量注意事项

进入仪器测厚界面,根据现场被测工件厚度设置仪器的测厚范围,要求检测仪器显示屏上的 A 扫信号显示始脉冲信号和多次底面反射信号,同时可根据脉冲反射信号幅度适当调整仪器中增益值。注意信号不能超过仪器刻度尺的 100%,显示闸门自动获取任意两次底面反射信号峰值,仪器自动运算最终将厚度值直观地显示在仪器显示屏上。检测过程中为保证检测系统的稳定性,一般要求仪器运行每 4 小时重新在校准试块进行校准,以保证检测质量。

值得指出的是,在测厚结束时,为了避免磁铁的吸力对被测工件造成损坏,在提离或拿开永磁铁探头时一定要偏转一定角度后再移除。另外,对有剩磁要求的,测厚完毕还要进行退磁处理。

2) 测量的影响因素

影响电磁超声测厚不确定度的因素主要有三个方面:被测工件本身及调试方法;仪器设备、探头及探头连接电缆;测量过程中其他偶然因素。

(1) 被测工件本身及调试方法存在的影响因素。

被测工件:组成成分、结构、各向异性等会造成声波的衰减、吸收、散射及声速的变化;表面的粗糙度、清洁度、表面轮廓、腐蚀坑或点以及氧化皮和铁屑等;存在导电或导磁的覆盖层(覆盖层和基材声速不一致);几何结构如工件上下表面的平行度、曲率;工件表面温度等。

调试方法:采用的校准试块与被测工件材质、化学成分等存在差异。

(2) 仪器设备、探头及探头连接线存在的影响因素。

仪器设备、探头:选用高精度、性能稳定的仪器;使用仪器前要进行预热;采用高频探头率及宽带探头。

探头连接线:采用短探头连接线且与仪器设备一起校准过以后不能更换。

(3) 测量过程中其他偶然因素。

测量过程中的偶然因素很多,比如操作人员手势的稳定、用力、环境温度的变化等,不能完全避免和消除,为了减少误差可增加测量次数,剔除明显不合理的数据,取平均值。

5. 结果评定

按照相应产品技术条件或相关技术标准要求,对被测工件的测量结果进行评定。

6. 记录与报告

按相关技术标准要求,做好原始记录及检测报告的编制、审批。

2.2.4　电磁超声测厚技术在电网设备中的应用

1. 电动操动机构不锈钢箱体的电磁超声测厚

根据国网金属专项技术监督工作通知要求,2018 年 4 月 12 日对某公司 220 kV 输变电工程♯2 主变室的电动操动机构的不锈钢箱体开展金属专项技术监督的超声波测厚。根据现场实际工作情况,我们采用了电磁超声测厚法。电动操动机构不锈钢箱体如图 2-33 所示,材质为 304 不锈钢。

图 2-33　♯2 主变室电动操动机构箱

检测仪器设备及器材:武汉中科 HS F91 型电磁超声测厚仪;校准试块为 304 不锈钢 7B 阶梯试块。

质量判定依据:《电网金属技术监督规程》(DL/T 1424—2015)。

电动操动机构箱箱体电磁超声测厚主要操作步骤如下:

(1)查阅资料。按照国网金属专项技术监督工作通知要求以及 DL/T 1424—2015 标准规定,电动操动机构箱箱体厚度不应小于 2.0 mm。

(2)检测前的准备。检测前对电动操动机构箱待测点用干净的布进行表面清理,确保符合检测要求,测点位置分布如图 2-34 所示。

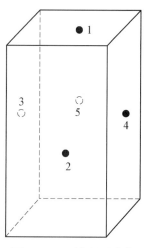

图 2-34　测点位置分布示意图

（3）根据仪器操作规程，在仪器的参数设置中选择"工件材质"项为"不锈钢"，把探头放在不锈钢阶梯标准试块上厚度为 2.0mm 处，按自动调校，输入起始、终止距离后即完成仪器的校准，校准结果如图 2-35 所示。

（4）擦干净探头表面，把探头垂直放在待测点的检测面上进行检测。测点 4 的检测数据如图 2-36 所示，所有测点最终检测数据见表 2-8。

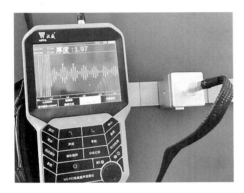

图 2-35　标准试块上进行仪器的校准

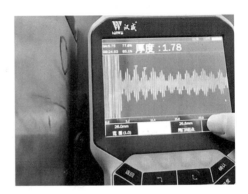

图 2-36　测点 4 位置厚度数值

表 2-8　电动操动机构不锈钢箱体各点测厚值

测点编号	1	2	3	4	5
测点厚度/mm	1.76	1.70	1.72	1.78	1.73

（5）结果评定。依据 DL/T 1424—2015 规定，户外密闭箱体其公称厚度不应小于 2.0mm。该电动操动机构不锈钢箱体最大厚度为 1.78mm，未达到标准规定的公称厚度最小值不小于 2.0mm 的要求，故不合格。

同样，根据国网金属专项技术监督工作通知要求，对于该新建 220kV 输变电工程的 GIS 避雷器 C 相筒体对接焊缝也要进行超声波检测，以确定其内部是否存在不允许的危险性超标缺陷。根据制造厂提供给业主的资料得知，GIS 筒体规格为 $\phi 408 \times 8$mm，材质为 5083 铝合金。超声波检测焊缝前用武汉中科汉威 HS F91 型电磁超声测厚仪进行了实际壁厚测量。根据操作规程，先对仪器用校准试块进行校准，即在仪器的参数设置中选择"工件材质"项为"铝合金"，把探头放在材质为 5083 铝合金的 7B 阶梯标准试块上厚度为 10.0mm 处，按"自动调校"，输入起始、终止距离后即完成仪器的校准，校准结果如图 2-37 所示。经现场检测得知，GIS 避雷器 C 相筒体实际壁厚值为 7.79mm，如图 2-38 所示。

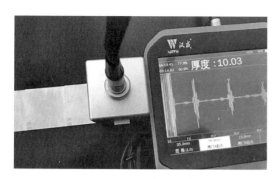

图 2‐37　标准试块上进行仪器校准

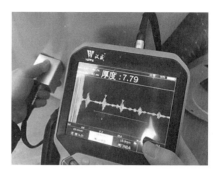

图 2‐38　筒体实际壁厚测量值

2. 在役运行高温管道的电磁超声测厚

国网某电力公司作为电网调峰用的燃机电厂在运行期间需要对其蒸汽管道进行壁厚测量,以确定其管壁减薄情况。管道外壁温度约 450℃,管道设计规格为 $\phi168\times9.5\,mm$,管道材质为 20G。

由于是高温运行管道,传统的超声波测厚仪测量需要施加耦合剂(化学浆糊、洗洁精或专用耦合剂),而耦合剂在 450℃高温条件下完全失去耦合作用而无法检测。因此,只能选用电磁超声测厚仪进行检测,其检测过程如下。

1) 仪器与探头

仪器:武汉中科 HS F91 型电磁超声测厚仪。

探头:电磁超声(EMAT)探头,适用于 600℃高温检测。

2) 试块

采用具有相同规格并具有相近表面状况和声学性能的工件作为参考试块。

3) 参数测量与仪器设定

依据参考试块的材质声速、厚度以及探头的相关技术参数、被测管道近似运行工况等,对仪器进行设定。主要应校准工件声速。

4) 检测

将探头固定在所要检测的管道合适的位置,读取连续两次底波之间的传播距离即为工件厚度。检测结果如图 2‐39 所示,即管壁厚度为 9.31 mm。根据管道设计规格及检测结果,该管道壁厚在正常数值的误差范围之内,合格。

图 2‐39　电磁超声在 450℃
高温下的管壁
测厚

3. 水冷壁腐蚀情况的电磁超声测厚

某省电力公司燃机电厂装机容量为 4 台 125 MW 机组,目前已经投运近 25 年,其水冷壁管曾多次发生泄漏,之前均是通过传统超声测厚仪对其管壁进行厚度测量,以检测其腐蚀减薄情况,由于检测数量多,加上需要通过打磨去除表面氧化膜,因此劳动强度大、检测工期比较长。由于电磁超声检测不需要对水冷壁管表面进行打磨和清理,检修期间,利用电磁超声技术对其腐蚀情况进行检测及质量评价。水冷壁管规格为 $\phi60\times6$ mm,材质为 20G。

1)仪器与探头

仪器:武汉中科 HSD-EMAT-4TH 多通道便携式电磁超声测厚仪,如图 2-40 所示。

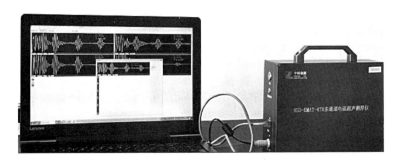

图 2-40 HSD-EMAT-4TH 型多通道便携式电磁超声测厚仪

探头:电磁超声横波探头,探头型号 HS F91-CW,频率 5 MHz。

2)试块

采用具有相同规格并具有相近表面状况和声学性能的平底孔试块作为参考试块。

3)参数测量与仪器设定

依据参考试块的材质声速、厚度以及探头的相关技术参数,对仪器的扫描线性、垂直线性以及扫描比例、扫查范围等进行设定,调整仪器的检测灵敏度。

4)测量

图 2-41 为现场检测其中一根水冷壁管存在腐蚀减薄的数据和波形截图。

水冷壁管腐蚀与未腐蚀减薄情况可以同时在屏幕上显示出来,其中屏幕最上面的检测波形表示为 $T1=6.08$ mm 为未腐蚀水冷壁管实测壁厚,屏幕最下面波形显示 $T2=5.62$ mm 为腐蚀减薄后的壁厚。

总结:电磁超声测厚的原理有两种,一种是基于洛伦兹力,适用于非铁磁性导电材料;另一种是基于磁致伸缩力,适用于铁磁性导电材料。铁磁性导电材料在测厚过程中,会同时受到两种力的作用。

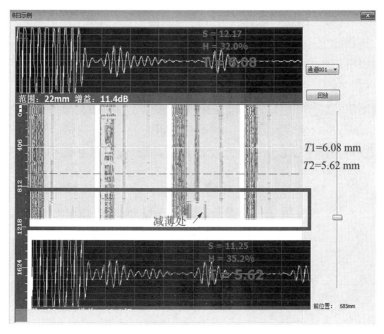

图 2 - 41　水冷壁管腐蚀减薄检测数据及波形图

2.3　激光超声测厚技术

激光超声因其远程、非接触式的检测特点而有望应用于极端特殊工况和异形构件的检测与测量。激光超声的测厚原理与传统超声一样,主要分为共振法、兰姆波法和脉冲反射法。然而,传统压电传感器必须通过耦合剂与被测工件黏结,耦合剂不仅可能会对工件表面造成污染,还会增大测量间隙引起测量误差。激光超声检测则利用激光辐照材料表面,在材料表面及内部产生超声波,其激发声波频率高(一般可高达 100 MHz)、波长短,声波的激发和接收都可以通过激光束完成,特别是在高温材料、薄层材料厚度的非接触检测上有很大优势。

2.3.1　激光超声测厚原理

1.　激光超声激励原理

当被测材料表面受到脉冲激光作用时,一部分脉冲激光的能量被材料表面所吸收,并且在材料表层转化成热能的形式。但是由于脉冲激光的作用时间过短,转化形成的热能无法在短时间内及时扩散,导致在激光作用区出现了温度的迅速变化,快速的温度变化导致激光作用区出现了热膨胀变形,膨胀区域进而产生热应力;在热应力的作用下,试样内部会出现瞬态弹性波并向周围传播,从而产生超声波。按照对被检工件材料的损伤阈值不同以及激光能量密度的高低,激光超声检测技术的产生原理主要分为热弹机制和热蚀机制两种,使用时要根据不同材料性能和检测要求,采用不同的激发机制。

热弹机制效应如图 2-42 所示。在热弹机制下,入射激光脉冲的功率密度通常小于 10^6 W/cm^2,在材料表面几微米的深度范围内,温度急剧上升至几十到几百摄氏度,热扩散很小,相当于在表层有一个瞬态局部热源,使材料膨胀引起瞬态热应力和热应变。

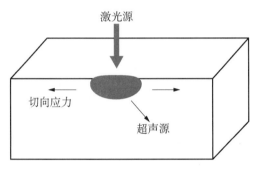

图 2-42 热弹机制效应

在三维模型下激光源产生的热应力场可以看成是一个点发生热膨胀,等同于在该点插入一个体积变化量 δV, 此时,产生的应变为

$$\varepsilon_{11} = \varepsilon_{22} = \varepsilon_{33} = \frac{1}{3}\frac{\delta V}{V} = \alpha \cdot \delta T$$

式中,ε_{11}、ε_{22}、ε_{33} 分别为三个方向上的应变分量,δV 为激光辐射区域体积变化量;α 为光吸收系数;δT 为材料的温度变化量。

对应的应力为

$$\sigma_{11} = \sigma_{22} = \sigma_{33} = B\frac{\delta V}{V}$$

式中,σ_{11}、σ_{22}、σ_{33} 分别为三个方向上的应力分量,B 为材料的体积模量。在材料中某一点的热膨胀由三个正交力偶组成,偶极子的强度等于应力与体积的乘积

$$D_{11} = D_{22} = D_{33} = B \cdot \delta V$$

式中,D_{11}、D_{22}、D_{33} 分别为不同方向上的偶极子(见图 2-43)。

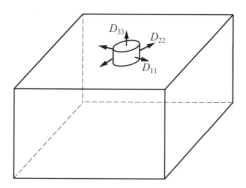

图 2 - 43　膨胀中心在表面层中的力偶极子

通常情况下,热弹激光源存在一个非零厚度,能在垂直方向上产生热膨胀。若入射激光的部分能量 $\delta E=(1-R)E$ 被材料表面层吸收,温度上升为 δT,表面层受热体积为 V,则可以计算出体积变化量为

$$\delta V = \frac{3\alpha}{\rho C}\delta E$$

式中,ρ 为材料的密度;C 为材料比热容;α 为光吸收系数;δE 为材料表层所吸收的激光能量变化量。

无限大的固体在中心膨胀源的作用下产生的超声波场可以表示为

$$u_r = \frac{1}{4\pi c_1^2}\frac{\partial}{\partial r}\left[\frac{B}{\rho r}\delta V\left(t-\frac{r}{c_1}\right)\right]$$

化简后可得

$$u_r = \frac{B}{4\pi(\lambda+2\mu)c_1 r}\frac{3\alpha}{\rho C}\delta E'\left(t-\frac{r}{c_1}\right)$$

式中,u_r 为超声声场位移量;λ 和 μ 为拉梅常数;c_1 为纵波声速;r 为距离;t 为时间。

从上式中可以看出,若想实现远场位置的超声激励,则需要提高激励激光的瞬时功率。然而对于连续激光,长时间高功率输出将会使样品很快过热,对检测造成影响,因此,在实际检测时通常选择短脉冲激光作为激励源,在保证一定的平均功率的同时,避免样品局部过热。热弹效应对材料表面没有损伤,但激光能量转换效率低。

热蚀机制效应如图 2 - 44 所示。在热蚀机制下,入射激光脉冲的功率密度通常大于 10^8 W/cm^2,这时由于材料表面的局部热源温度高于材料熔点,约几微米深的材料表层发生烧蚀,除了瞬态热应力与热应变,还会导致在金属表面及上方形成等离子体,产生垂直于表面的反冲力。

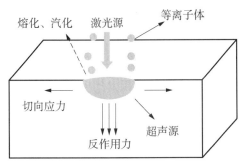

图 2‑44 热蚀机制效应

脉冲激光辐照下典型金属汽化所需的功率密度 I_c 为

$$I_c \geqslant 2\varsigma\rho\kappa^{1/2}t_0^{-1/2}$$

式中，t_0 为脉宽时间，ς 为金属汽化潜热。

对于脉宽时间较长的激光脉冲，可以假设表面处于熔融平衡状态，材料迁移速率 ξ 可表示为

$$\xi = \frac{I}{\rho[\varsigma + C(T_V - T_0)]}$$

式中，T_V 和 T_0 为汽化和初始温度，I 为入射功率密度，C 为比热容。

作用在材料上的反冲压强可由牛顿第二定律计算：

$$\sigma = \rho\xi^2 = \frac{I^2}{\rho[\varsigma + C(T_V - T_0)]^2}$$

由于热蚀机制会对材料表层造成点蚀或者不均匀性，所以，热蚀机制下的激光超声检测不属于严格意义上的无损检测。因此，针对不同种类的材料可以调节脉冲激光的功率密度，使超声幅值达到最大，并且保证对材料表面不造成损伤。

2. 激光超声测厚原理

激光能在固体介质中激励出不同种类的超声波，当材料的厚度远大于声波波长时，激光在固体介质中激励产生体波及表面波；当材料厚度与声波波长相当时，激光在固体介质中激励产生兰姆波。

1）激光超声脉冲反射法测厚原理

激光超声脉冲回波测厚法的原理主要是通过测量超声脉冲在试样中的传播时间，然后根据脉冲在试样中的传播速度求出试样厚度。图 2‑45 展示了使用表面波和反射纵波信号测量被测物体的厚度，激光干涉仪和脉冲激光放置在样品的同一侧，其中 l 表示光斑距离，d 表示被测物体厚度。

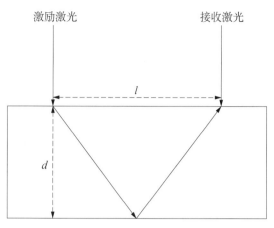

图 2 - 45　激光超声脉冲回波法测厚原理

激光超声能够在材料表面与内部激发出表面波与纵波,由于激励激光与接收激光间距较小,因此先接收到表面波信号,纵波信号经底部反射后被接收。根据表面波与纵波在材料中的传播速度,样品的厚度 d 可以计算为

$$d = \frac{1}{2}\sqrt{(v_2 t_2)^2 + (v_1 t_1)^2}$$

式中,v_2、t_2 为纵波的传播速度与时间,v_1、t_1 为表面波的传播速度与时间。

2) 激光超声兰姆波法测厚原理

当激励激光在厚度较小的薄板中激发超声波时,超声波在传播过程中受到薄板上下表面的约束,使纵波和横波进行叠加形成兰姆波。兰姆波是在无限大板状介质中传播的一种弹性波,按照其在板中振动形态的不同可以分为对称型兰姆波(S 型)和反对称型兰姆波(A 型)。

通常情况下,两种模态的兰姆波都是色散的,为了获得兰姆波各个模态下的精确色散,必须使用计算机进行大型数值寻根计算。但在薄板中,兰姆波波长远大于板厚,探索了一种近似方法,当 $kh \ll 1$(薄板)时,存在以下关系式:

对于 A_0 模态

$$\omega = A_1 k^2 + A_2 k^4$$

其中

$$A_1 = \frac{1}{\sqrt{3}} v_E h$$

$$A_2 = \frac{1}{30\sqrt{3}}\left(\frac{20}{\kappa^2} - 27\right)v_E h^3$$

对于 S_0 模态

$$\frac{\omega}{k} = v_E = 2v_T\left(1 - \frac{1}{\kappa^2}\right)$$

式中，κ 为纵波速度与横波速度之比。

声波的传播速度 v_E 可以由激励点与接收点之间距离和对应模态声音传播时间计算得到，通过对采集到的时域信号进行小波变换或二维傅里叶变换，可以得到各模态的频散曲线，再通过与理论曲线进行拟合，就可以计算出参数 A_1，从而计算出厚度 h。

2.3.2　激光超声测厚设备及器材

激光超声检测系统通常由激励模块、接收模块、运动控制模块以及数据采集处理模块等部分组成，分别实现对超声波信号的激励、接收、扫描及处理。

1. 激光超声激励模块

根据激光超声的产生原理，为保证超声信号质量，同时不对材料表面造成损伤，通常选择高功率亚纳秒或纳秒脉冲激光器进行超声波的激励。脉冲激光器是指单个激光脉冲宽度小于 $0.25\,s$，每隔一定时间才工作一次的激光器，调 Q 和锁模是得到脉冲激光的两种最常见技术。

调 Q 技术也叫 Q 开关技术，是一种获得高峰值功率、窄脉宽激光脉冲的技术。

调 Q 技术的工作原理：在光泵浦初期设法将谐振腔的 Q 值降低，从而抑制激光振荡的产生，使工作物质的上能量粒子数得到积累。随着光泵的继续激励，上能级粒子数逐渐积累到最大值。此时突然将谐振腔的 Q 值调高，则积累在上能级的大量粒子便雪崩式地跃迁到激光下能级，在极短的时间内将储存的能量释放出来，从而获得峰值功率极高的激光脉冲输出。根据调 Q 元件所采用的介质及其工作方式的不同，调 Q 激光器可分为电光调 Q、声光调 Q、可饱和吸收调 Q 与机械转镜调 Q 这四类。

锁模作为一种新的压缩脉宽的途径，又被称为超短脉冲技术。它的定义包含两方面内容：各振荡纵模初相位锁定；各振荡纵模频率间隔相等且固定为 $c/2nL$（L 为腔长，c 为光速、n 为腔内等光强纵模个数）。按照锁模的工作原理，实现锁模的方法分为主动锁模、被动锁模、同步泵浦锁模、自锁模和碰撞锁模等多种形式。

2. 激光超声接收模块

对于脉冲激光激励出的超声信号，可以采用传统压电陶瓷超声换能器进行接收，但在非接触式检测中，更多地采用光学方法进行接收。目前，应用最广泛的多为相位/频率调制技术,主要包括双光束零拍干涉技术以及双光束外差干涉技术。

　　干涉仪技术是利用迈克尔孙干涉仪原理建立起来的,如图 2 - 46 所示,激光器发出的光被分光镜分成两路:一路经过聚焦镜射在样品表面,经表面反射后再返回分光镜,最终进入光电接收器;另一路激光经过反射镜反射后直接进入光电接收器。两束光同时进入光电接收器中并发生干涉现象,通过对干涉光相位进行检测,就可以检测出样品表面的振动情况,此即为零拍干涉仪,光电探测器接收到的光强 I_D 为

$$I_D = I_L\{R + S + 2\sqrt{RS}\cos[4\pi\delta(t)/\lambda - \phi(t)]\}$$

其中,I_L 为入射激光功率;R 和 S 分别为参考光束和反射信号光束的有效传输系数;$\delta(t)$ 为表面位移;λ 为光波长;$\phi(t)$ 为决定于干涉路径的相位因子。

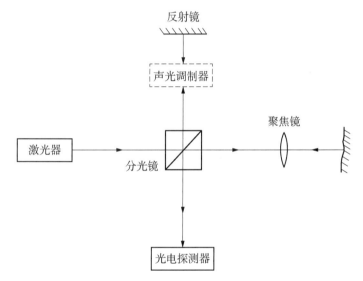

图 2 - 46　迈克尔孙干涉仪原理

　　为了更好消除环境干扰而采用外差结构,此时在干涉仪的一臂(或两臂)插入 Bragg 声光调制器,使光束产生射频范围内的频移,并且有检测器接收这一频移信号,从而与环境的振动信号区分开,此即为外差干涉仪,光电探测器接收到的光强 I_D' 为

$$I_D' = I_L\{R + S + 2\sqrt{RS}\cos[2\pi f_B t + \phi(t)] + [4\pi\delta(t)/\lambda]\sin[2\pi f_B t + \phi(t)]\}$$

其中,f_B 为 Bragg 声光调制器的频率。

　　3. 运动控制模块

　　为实现在样品表面一定范围内的动态扫描,激光超声测厚系统往往需要结合运动控制系统。常见的运动控制模块有两种方案,如图 2 - 47 所示。

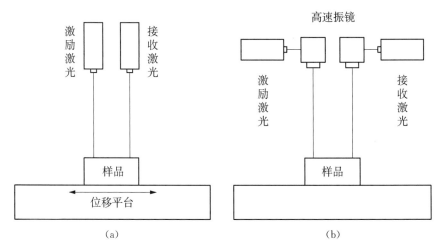

图 2‑47　运动控制模块结构简图

(a)位移平台方案;(b)振镜方案

　　第一种方案(位移平台方案)中,激励激光器与接收激光器相对固定,两个光斑以一定间隔照射在样品表面,通过样品下方的位移平台来实现样品与激光的相对移动。

　　第二种方案(振镜方案)中,样品固定在平台上,激励激光与接收激光经过高速振镜的反射后照射到样品表面,由振镜控制板卡来控制光斑与光斑之间、光斑与样品之间的相对运动。

　　4. 数据采集模块

　　数据采集是指对设备被测的模拟或数字信号,自动采集并送到上位机中进行分析、处理。数据采集卡,即实现数据采集功能的计算机扩展卡,可以通过 USB、PXI、PCI、PCI Express、火线(1394)、PCMCIA、ISA、Compact Flash、485、232、以太网、各种无线网络等总线接入计算机。

　　激光超声检测系统中使用的数据采集卡,要保证其采样与输出频率要能与位移平台或振镜运动速度匹配,以此保证检测的效率与准确性。

2.3.3　激光超声测厚技术在不同工程研究中的应用

　　1. 激光超声脉冲反射测厚技术的应用

　　图 2‑48 展示了一种对侧接收的激光超声测厚系统,激励激光器与激光测振仪分别位于样品两侧,采集到的超声信号通过数据采集卡保存到计算机。

　　激光超声接收模块主要由 Polytec 公司生产的 Vibroflex 高性能单点式激光测振仪组成,测振仪型号为 VibroFlex Neo VFX‑I‑110,具体参数见表 2‑9。该测振仪利用双光束外差干涉技术,具有灵敏度高、抗干扰能力强的特点,且自动聚焦效果好,

图 2 - 48 对侧接收激光超声测厚系统

检测距离长,能够在输出振动信号的同时输出速度与加速度信号,并且自带高通/低通滤波器,信号输出稳定。激励激光器使用的是北京镭宝光电技术有限公司生产的灯泵浦电光调 Q 纳秒 Nd:YAG 激光器,型号为 DAWA - 200,具体参数见表 2 - 10,具有体积小、结构紧凑、坚固耐用、工程化程度高的特点,适用于工业、科研等多种应用。

表 2 - 9 激光测振仪的具体参数

VibroFlex Neo VFX - I - 110	
激光类型	Helium Neon (He - Ne)
中心波长/nm	633
激光等级	2 级,<1 mW
最大速度/(m/s)	±12

表 2 - 10 激励激光器的具体参数

DAWA - 200	
中心波长/nm	1 064
单脉冲能量/mJ	200
激光重频/Hz	1~20
脉冲宽度/ns	≤8
散热方式	水冷

用上述系统对两种不同厚度的铝制零件进行了测量,两个样品的实际厚度分别为 6 mm 和 10 mm,检测结果如图 2-49 所示。根据接收信号中一次、二次、三次回波之间的时间差以及声速(6 300 m/s),可以计算出样品厚度分别为 6.016 5 mm、9.969 mm,相对误差分别为 0.275%、0.31%,检测结果较为准确。

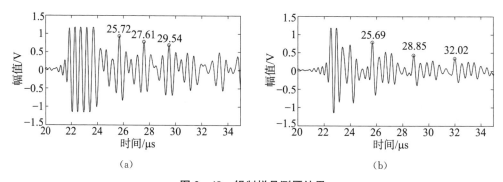

图 2-49　铝制样品测厚结果

(a)6 mm 样品测厚结果;(b)10 mm 样品测厚结果

2. 激光超声兰姆波测厚技术的应用

设计和制造厚度分别为 0.1 mm、0.2 mm、0.3 mm、0.5 mm、0.7 mm、1.0 mm 的不锈钢样品,利用图 2-48 所示的激光超声系统进行激光超声兰姆波数据采集。激光激励光斑和接收光斑位于样品的同侧,光斑间距约 3 mm。

图 2-50 为激光超声检测系统扫描六个不同厚度样品的 A 扫描信号图,该图横坐标代表飞行时间,单位为 μs,纵坐标为幅值,单位为 V。从图 2-50 中可以看到,不同厚度样品并未出现明显的多次反射体波,因此无法采用传统的脉冲回波方式进行测厚。当工件厚度大于 0.5 mm 时,激光超声信号成分以表面波为主,当工件厚度减小时,超声信号由窄变宽,其主要原因是,当样品厚度减小时,超声波受到工件上下表面的调制,表现出兰姆波的特征。

利用兰姆波的频散曲线可知,工件厚度、兰姆波频率和兰姆波的速度存在特定的定量模型,当利用激光超声系统测得兰姆波频率和兰姆波后,可以利用该定量模型进行工件厚度的计算。因此,激光超声兰姆波测厚分为三个步骤:

(1) 利用激光超声系统,以固定间距扫描,通过拟合超声飞行时间和扫描间距得到兰姆波的速度。

(2) 利用小波变换等信号处理方法,对 A 扫信号进行时频分析,从而分离表面波与兰姆波的频谱成分,获得能量最高的兰姆波频率成分。

(3) 基于频散方程构建的工件厚度、兰姆波频率和兰姆波声速定量模型计算工件厚度。

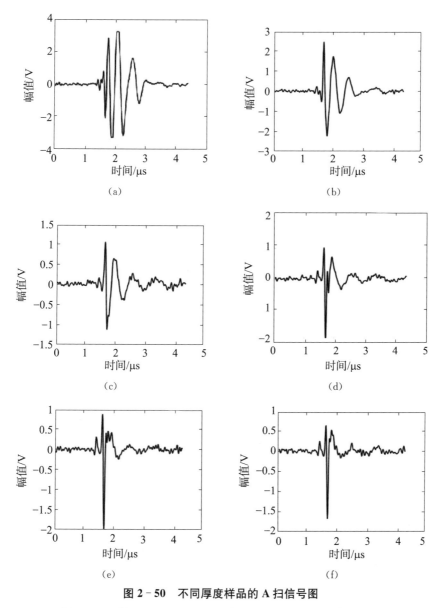

图 2 - 50　不同厚度样品的 A 扫信号图

(a)0.1 mm；(b)0.2 mm；(c)0.3 mm；(d)0.5 mm；(e)0.7 mm；(f)1.0 mm

图 2-51 所示为激光超声兰姆测厚结果。可以看出,对于 1 mm 样品来说,其厚度测量存在较大的误差。其主要原因是不锈钢板中激光超声信号的主要波长约为 0.5 mm,当样品厚度大于超声波长时难以形成兰姆波。对于厚度为 0.1 mm、0.2 mm 和 0.3 mm 等薄样品时,可以通过激光超声表面波特征量而实现样品厚度的高精度测量。

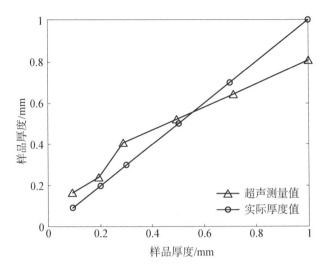

图 2-51　激光超声兰姆波测厚值与实际值对比

2.4　其他超声测厚技术

2.4.1　共振式超声测厚技术

1. 基本理论

共振式超声测厚技术建立在超声波两个基本特性之上：①超声波在两种不同声阻抗的材料界面处发生反射，如在空气/钢或者化学介质/钢界面处的超声波绝大部分反射回钢中；②超声波在材料中的传播速度仅与材料的密度、弹性模量有关，在每一种材料中都有其特定的传播速度，如在钢中纵波速度为 5 900 m/s，传播时波长与频率成反比，与速度成正比，频率并不影响速度。所以只要确定在材料正反面之间传播的超声波波长，便可计算得到材料的厚度。在实际测量时，晶片产生的超声波频率通常可用调节仪器的可变电容器进行改变，因此，在材料中超声波波长可以通过调节频率进行控制。当调到超声波半波长或半波长的整数倍等于被测材料厚度时，产生共振，形成驻波，如图 2-52 所示，其关系式为

$$\lambda = 2\delta$$
$$f_1 = \frac{v}{2\delta}$$

(2-8)

式中，λ 为超声波波长；δ 为被测材料厚度；f_1 为基本共振频率；v 为超声波在被测材料中的传播速度。

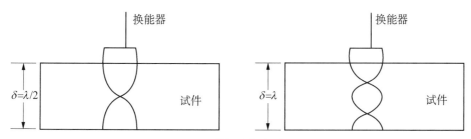

图 2 - 52　共振法超声测厚原理

共振现象除了在基本共振频率处出现外,也会在基本共振频率的整数倍处出现,即在 $2f_1$、$3f_1$、$4f_1$、…处出现。$2f_1$ 叫第二谐频,$3f_1$ 叫第三谐频,以此类推。如果只用基本频率进行测厚,对于一般厚度范围的测量需要一个很宽的频带,这在一个波段是很难实现的。所以,在实际的测量中,都是采用谐频。测量时需要知道两相邻共振频率,它的差值便是基本共振频率,这时式(2-8)可写成

$$\delta = \frac{v}{2(f_n - f_{n-1})} \qquad (2-9)$$

式中,f_n 为第 n 次谐波频率;f_{n-1} 为第 $n-1$ 次谐波频率;$f_n - f_{n-1} = f_1$ 为基本共振频率。

调节频率使被测材料产生共振,共振时振荡管板流增大,再经过放大后,共振信号可以从显示器上显示的波峰高低看出来,如图 2 - 53 所示。找出任意两相邻的谐波频率值代入式(2-9),便可以算出被测物厚度。

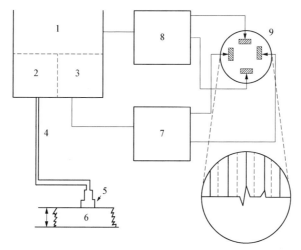

1—可变频振荡器;2—调频器;3—电容器;4—电缆;5—换能器;6—被测物;7—扫描放大器;8—信号放大器;9—示波器。

图 2 - 53　共振测厚仪示意图

2. 晶体换能器

压电性材料很多,如硫酸锂、石英、钛酸钡等,在检测工作中用得最多的是石英和钛酸钡。钛酸钡压电晶体由二氧化钛和碳酸钡高温烧结再经过极化处理制得,它可发射出较强的超声波,同时它的耐湿性强,容易制成各种形状的晶体片,所以得到了较广泛的应用。

晶片有自己的固有频率,固有频率与厚度成反比,石英的频率常数(固有频率与厚度的乘积)为 2.87 MHz·mm,钛酸钡晶体为 2.5 MHz·mm,因而厚度一定的晶体片固有频率也是一定的。在测厚时可能出现晶体固有频率的共振信号,它的出现可以用探头不接触被测工件而由存在的共振信号测得,这样便可分辨出假信号。共振式测厚仪所使用的晶体片厚度最优选择是晶片固有频率比仪器的最高工作频率高,但两者也不能相距太远,否则会大大降低测量灵敏度,频率范围不超过仪器最高工作频率的 2 倍可得到较为满意的结果。

晶片的面积大小决定于应用的最低工作频率,其直径必须相当于超声波在被测材料中几个波长的数值,以保证测厚必要的超声波定向性。对石英晶体片而言,直径为波长的 5 或 6 倍时,便能有较好的测量灵敏度以及峰锐明确的共振指示。

3. 共振式超声测厚特点

共振式测厚仪可测厚度的下限小,最小可达 0.1 mm;测试精度较高,可达 0.1%,例如,共振法对于钢试件,超声频率为 20 MHz 时,可测厚度小至 0.13 mm,频率再高会因衰减增大而难以形成共振;其次,共振法超声测厚使用便捷性差,不能直接显示工件厚度,须用公式计算工件厚度;另外,共振式超声测厚还要求被测工件上下表面平整光洁,难以用于在线自动测厚。

2.4.2 兰姆波超声测厚技术

1. 兰姆波

兰姆(Lamb)波是 1917 年英国力学家兰姆按平板自由边界条件求解波动方程时得到了一种特殊的波动解而发现的。它是一种在厚度与激励声波波长为相同数量级的声波导(如金属薄板)中由纵波和横波合成的特殊形式的应力波,是板中的导波,通常也称"板波",当板的上下界面在力学上为自由边界条件时,这种特殊的超声波就称为兰姆波。兰姆波的位移不仅发生在波的传播方向,垂直于板的方向上也有。在无限均匀的各向同性弹性介质中,横波和纵波分别以各自的特征速度传播而无波型耦合,而在板中则不然。在板的某一点上激励超声波,由于超声波传播到板的上、下界面时,会发生波型转换,经过在板内一段时间的传播之后,因叠加而产生"波包",即所谓的板中兰姆波模态。兰姆波在板中传播时,存在不同的模态。

根据板内质点振动位移的分布形态不同,兰姆波可分为对称型兰姆波和反对称型兰姆波,它们的传播形式如图 2‐54 所示。同时对于不同类型的兰姆波有不同的阶次,通常用 S_0、S_1、S_2、…表示不同的对称型兰姆波模式,A_0、A_1、A_2、…表示不同的反对称型兰姆波模式。兰姆波在板中传播时,板中质点的振动轨迹是椭圆形的,质点的振动可以分解为水平分量 U_z 和垂直分量 U_x。对称型兰姆波的特点是薄板中质点的振动对称于板的中心面,上下两面相应质点振动的水平分量方向相同,而垂直分量方向相反,且在薄板的中心面上质点是以纵波形式振动的。反对称型兰姆波的特点是薄板中质点的振动不对称于板的中心面,上下两面相应质点振动的垂直分量方向相同,水平分量方向相反,且在薄板的中心面上质点是以横波形式振动的。

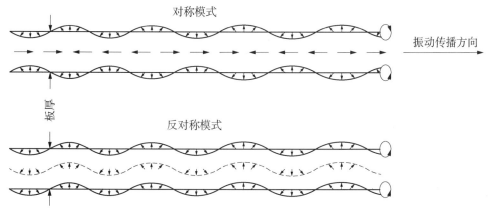

图 2‐54　对称型兰姆波和反对称型兰姆波

兰姆波是超声无损检测中的一种常见导波形式,与常规超声的逐点扫查不同,兰姆波检测时一次扫查一条线,并且收发探头可置于试件的同一侧,这在很多场合下很方便使用,所以兰姆波对于薄板检验具有纵波和横波难以比拟的快捷、高效的特点,非常适合于大面积板形结构的无损检测。

2. 兰姆波超声测厚原理

一般采用超声波换能器耦合在板的表面以充当驱动器和传感器。通过信号发生器来产生电激励信号,然后通过换能器底部压电晶片的逆压电效应把电激励信号转化为超声波信号,之后通过耦合剂进入被测薄板中,由于薄板自由边界的约束,此时在板中传播的就已经是兰姆波,最后通过接收换能器底部压电晶片的正压电效应把超声波信号转化为电信号以供进一步分析。

兰姆波测厚法主要是利用兰姆波的频散特性和多模式特点,首先在待测试样中激发一定频率的兰姆波并由超声换能器接收,然后对接收到的信号进行二维傅里叶变换(2‐DFFT)或根据兰姆波传播频散方程获得兰姆波的频散曲线,再与理论频散曲线相比较,实现兰姆波的模式识别。

兰姆波在厚度为 $2h$ 的薄板（$\lambda \gg h$）中传播时，对于零阶反对称模式 A_0，有

$$\omega = A_1 k^2 + A_2 k^4 \qquad (2-10)$$

其中

$$A_1 = \frac{1}{\sqrt{3}} C_p h$$

$$A_2 = \frac{1}{30\sqrt{3}} \left(\frac{20}{k^2} - 27 \right) C_p h^3 \qquad (2-11)$$

式中，ω 为角频率；k 为波数，且 $k = v_L / v_T$；C_p 为相速度；h 为试样厚度的一半。

对于零阶对称模式 S_0，有

$$\frac{\omega}{k} = C_p = 2 v_T \left(1 - \frac{1}{k^2} \right) \qquad (2-12)$$

兰姆波在薄层中的传播速度可由 C_p 来近似表示，C_p 作为常数可以利用 2 - DFFT 直接从 S_0 模式的实验结果中获得，也可以通过求解兰姆波的频散方程获得。A_1 和 A_2 可以通过拟合式（2 - 10）或式（2 - 11）和 A_0 模式的实验结果获得。知道了 A_1、A_2 和 C_p 就可以求出待测薄层的厚度为

$$h = \sqrt{3} \frac{A_1}{C_p} \qquad (2-13)$$

目前，兰姆波测厚法已成为国内外超声研究的热点之一，主要用于测量固体材料薄板的厚度，特别适用于小直径薄壁管测厚，如 $\phi 13 \times 0.2$ 的管子等，但不适合涂层或薄膜的厚度测量，且能够对粗晶材料和复合材料的厚度进行测量。由于兰姆波测厚法在薄层的单侧进行检测，所以更适合容器和槽状检测环境。

2.4.3 相控阵超声测厚技术

1. 基本知识

超声相控阵测厚技术即多声束扫描成像技术，其在发射与接收过程中通过精确控制各单元的延迟时间实现声束在空间的位置变化，从而对被检工件的厚度进行测量。

1）相控阵的发射与接收

根据惠更斯原理，精确控制每个发射单元的延迟时间，可以使多声束在空间进行同相干涉，从而实现相控的发射。相控的接收与发射原理相同。各单元接收的回波信号按照设计的延迟量进行延迟然后将各延迟后的信号进行叠加，使来自焦点和焦

点附近的回波信号得到增强而减弱甚至抵消聚焦区域外的回波信号,提高回波信号的信噪比以达到接收聚焦目的。通过改变不同的延迟时间可以有选择地获得某方向上的目标反射回波,这样就可以在不移动探头的情况下检测厚度。

　　2）扫描方式

　　在测厚系统中可采用线阵扫描方式,线阵扫描是将若干超声换能器依直线排列,由控制系统控制连续依次激励各组换能器形成扫描波束,同时换能器接收回波信号。当前一组换能器完全接收到回波后,下一相邻组换能器才开始工作,同时采用相控技术进行波束聚焦使回波信号得到增强,并将其送到信号处理系统,信号处理系统将回波信号根据需要处理后变成视频信号或控制信号输出给显示器、图像记录仪或控制单元进行相应的记录和控制。

　　3）延迟时间

　　每个聚焦区域都有一个相同的焦点和聚焦时间,根据场点到达换能器单元时间来确定焦点。

　　相控线阵的结构如图 2-55 所示。在笛卡尔坐标系下,延迟时间的计算公式为

$$t_i = \frac{1}{C}\left[\sqrt{(x_c - x_f)^2 + (y_c - y_f)^2 + (z_c - z_f)^2} - \\ \sqrt{(x_i - x_f)^2 + (y_c - y_f)^2 + (z_c - z_f)^2}\right] \tag{2-14}$$

式中,t_i 为第 i 个阵元的延迟时间;C 为超声在介质中的传播速度;x_c、y_c、z_c 为孔径上的参考坐标值;x_f、y_f、z_f 为焦点的坐标值;x_i、y_i、z_i 为第 i 个阵元的中心坐标值。

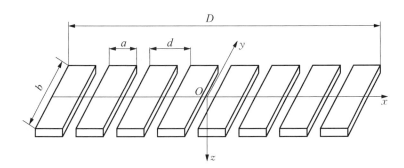

a—单元宽度;b—单元长度;d—单元间距;D—换能器孔径。

图 2-55　相控阵结构示意图

　　典型的线性阵列单元沿 x 方向分布,单元在 y 方向尺寸较长,因此可以近似为无限长的条源,产生的图像则分布在 xz 平面内。

2. 相控阵超声测厚原理

手动模式的相控阵超声测厚实质上是传统超声测厚技术的升级。

传统的超声测厚探头一般包括单个有源晶片或两个成对晶片,声波通常是由一个压电换能器发射单元或传感器发射,内置的传感器头和相同的传感器用于记录反射波。超声波在固体底部反射,在最短距离上,与样品的厚度相当。通过超声波信号回到表面的时间可换算出工件厚度。

相控阵探头包括一个换能器组件,每个单元有 16~256 个阵元,每个元件可以单独产生脉冲。此外,先进的计算机仪器被集成到相控阵系统中,该系统可以驱动多阵元的相控阵探头,接收和数字化回波,并以多种标准格式绘制回波数据。相控阵系统可以集中在多个深度,提高了检查设置的能力和灵活性。对于常规超声测厚相控阵探头创建线性扫描(l-scan),多个阵元复制单晶测厚探头的横向运动(B 型),实时成像展示于屏幕,如图 2-56 所示。

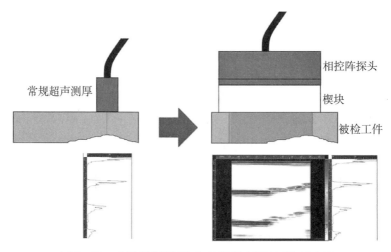

图 2-56 常规超声测厚与相控阵超声测厚对比示意图

3. 超声相控阵测厚的特点

超声相控阵测厚技术可以在不移动探头的情况下在被测物体的整个宽度方向上进行扫描,可以对厚度进行准确测量,还可以在显示系统上把制品的截面图形直观、真实地反映给检测人员。但也存在接收信号滞后现象,同时对信号的延迟处理是通过对数据点平移实现的,平移量必须是采样时间的整数倍,因此会存在舍入误差,且误差的大小与采样时间有关,采样精度越高舍入误差越小。

第 3 章　射线法测厚技术

　　射线法测厚技术主要包括 X 射线荧光法测厚技术和辐射法测厚技术两种。X 射线荧光法测厚技术主要根据测量二次荧光射线即特征谱线的强度来实现测量基体表面镀银、镀锡、镀锌、镀镍、镀铝等覆盖层厚度质量的目的,而辐射法测厚技术则是利用 X、γ 或 β 射线穿过工件后射线强度衰减与工件材质、密度、厚度等之间存在的某种关系来测量工件的本体厚度。在电网设备射线法测厚技术中,比较常用的是利用 X 射线荧光法测厚技术来测量导体表面镀银或镀锡层厚度,这也是本章的重点内容;同时,辐射法测厚技术作为射线法测厚技术的一种,在本章的第二部分将作为一个知识点进行介绍。

3.1　X 射线荧光法测厚技术

　　第 1 章已经对 X 射线荧光法测厚技术做了简单介绍,即是通过利用高能 X 射线照射镀层表面,激发各种元素(如 Mo、Ag、Mn)释放出特征 X 射线荧光,根据荧光强度计算得出镀层厚度。具体来说,就是随着镀层厚度及元素含量增加,释放出的特征 X 射线荧光强度也会随之增大,测量这些被释放出来的特征 X 射线荧光的能量强度,通过标准样品、分析软件及算法(FP 法和经验系数法等)拟合出一个接近实际对应关系的曲线,检测时,通过工件镀层元素特征 X 射线荧光的能量强度,从而得到镀层的厚度。

3.1.1　X 射线荧光法测厚原理

　　X 射线又称为伦琴射线或 X 光,是一种波长范围在 $0.01 \sim 10$ nm 间的电磁辐射形式,由德国科学家伦琴(W. C. Rontgen)在 1895 年发现。随后,法国物理学家乔治(S. George)在 1896 年发现 X 射线荧光。

　　X 射线荧光的能量与入射 X 射线的能量无关,仅取决于被照射原子两能级之间的能量差。由于能量差完全由该元素原子的壳层电子能级决定,故称之为该元素的特征 X 射线,也称荧光 X 射线或 X 射线荧光。

用 X 射线照射试样时,试样可以被激发出各种波长的荧光 X 射线,需要把混合的 X 射线按波长或能量分开,并测量不同波长或能量的 X 射线强度,以进行定性和定量分析,这类仪器称为 X 射线荧光光谱仪。

1. X 射线荧光光谱定性分析原理

众所周知,物质是由原子组成的。如图 3-1 所示,每个原子都有一个原子核,原子核的周围有若干个电子绕其运行。

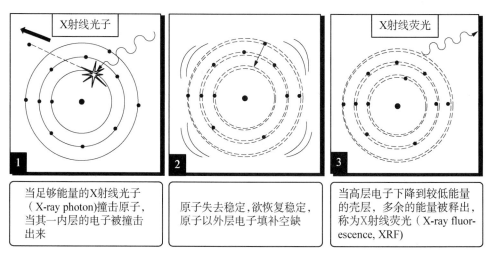

图 3-1　X 射线荧光产生过程

当入射 X 射线高能粒子与原子发生碰撞时,如果能量足够大,可将原子的某一个内层电子驱逐出来,形成一个空穴,使整个原子体系处于不稳定的激发态。由于激发态不稳定,其原子寿命为 $10^{-12} \sim 10^{-14}$ s,在极短时间内,外层电子向空穴跃迁,以降低原子能级,同时释放能量(即 X 射线荧光),使原子恢复稳定状态。因每种元素原子的电子能级具有特征性,电子跃迁释放的 X 射线荧光波长或能量也具有特征性,与元素种类成一一对应的关系。

当空穴产生在 K 层,不同外层的电子(L、M、N、⋯层)向空穴跃迁时放出的能量各不相同,其空穴可以被外层中任意一电子所填充,从而产生一系列的谱线,称为 K 系谱线。其中由 L 层跃迁到 K 层辐射的 X 射线叫 K_α 射线,由 M 层跃迁到 K 层辐射的 X 射线叫 K_β 射线。同样,L 层电子被逐出可以产生 L 系谱线。

1913 年,莫塞莱(H. G. Moseley)发现,X 射线荧光波长 λ 与元素原子序数 Z 有关,其数学关系为

$$\lambda = K^{-2}(Z - S)^{-2}$$

上式就是莫塞莱定律,式中,K 和 S 是常数。

因此,根据莫塞莱定律,只要测出 X 射线荧光的波长,就可以知道元素的种类,这就是 X 射线荧光定性分析的原理。

2. X 射线荧光光谱定量分析原理

X 射线荧光强度与相应元素含量有一定的关系,据此,可以进行元素定量分析。

影响 X 射线荧光强度的因素较多,除待测元素含量以外,仪器校正因子、待测元素 X 射线荧光强度测定误差、元素间吸收-增强效应校正、试样物理形态(均匀性、厚度、表面结构等)等都会对定量结果产生影响。

因为试样基体效应等因素对定量结果影响较大,所以,只有当标准试块与实际试样基体和表面状态相近时,才能保证定量分析结果的准确性。

3. X 射线荧光法测量镀层厚度的原理

检测覆层厚度时,可以采用很多种方法,包括化学法、光学干涉法、接触电磁法、辉光放电原子光谱法以及 X 射线荧光光谱法等。

X 射线荧光光谱法具有诸多优点,包括不会对工件造成损伤、耗时较短、结果较准确、操作较方便等,还可以同时检测覆层厚度及其元素种类。

采用 X 射线荧光光谱法时,由于初级辐射和荧光辐射在覆层中经历的路程极短,故被吸收量很小,因此,可认为覆层中每一种元素原子的发射与吸收与其他元素无关。

当覆层厚度小于临界值时,可将荧光辐射强度与覆层厚度视为具有线性函数关系。根据这种线性函数关系,可以测定已知元素的覆层厚度。

4. 临界厚度、无限厚度及薄膜的定义

当覆层元素一定时,荧光相对强度(有限与无限厚度的强度比)随覆层厚度变化的函数关系如图 3-2 所示。根据厚度的不同,图中的曲线大致可分为无限薄(线性区 A)、有限厚(指数区 B)及无限厚(强度不变区 C)三个区域。

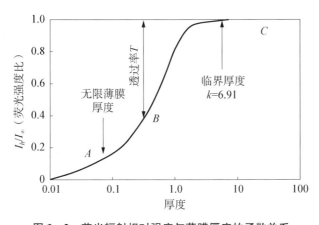

图 3-2　荧光辐射相对强度与薄膜厚度的函数关系

在 A 区域内,初级辐射及荧光辐射在覆层中衰减十分微小,荧光强度与覆层厚度呈线性关系。

在 B 区域内,随着辐射的穿透深度增加,初级辐射及荧光辐射在覆层中衰减随之增大。首先受到吸收的是初级辐射的长波部分,随着初级辐射穿透深度的增加,荧光强度逐渐增加,两者近似呈指数关系。

1) 临界厚度和无限厚度

通常将荧光强度达到其总强度的 99.9% (C 区)时所对应的穿透深度称为覆层的临界厚度,用 t_c 表示;将荧光相对强度不再随穿透度而变化时所对应的厚度称为覆层的无限厚度(t_∞)。

利用朗伯-比尔定律可以计算覆层的临界厚度和无限厚度:

$$\frac{I_t}{I_\infty} = 1 - \exp[-(\mu/\rho)\rho t] \tag{3-1}$$

即

$$\ln[1 - (I_t/I_\infty)] = -\overline{(\mu/\rho)}\rho t \tag{3-2}$$

式中,I_t 和 I_∞ 分别表示覆层厚度为 t 和无限厚度(t_∞)时的荧光强度;ρ 和 t 分别表示覆层密度和厚度;覆层对荧光的质量吸收系数 $\overline{(\mu/\rho)}$ 通过式(3-3)确定:

$$\overline{(\mu/\rho)} = [(\mu/\rho)_{\lambda,\mathrm{Pr}\,i}/\sin\varphi] + [(\mu/\rho)_{\lambda,A}/\sin\varphi] \tag{3-3}$$

当覆层为无限厚时,$I_t/I_\infty = 1$。

当采用单色激发光源时,不同覆层厚度的初级荧光强度可根据式(3-4)计算:

$$P_i = qE_iC_i\int_{\lambda_0}^{\lambda_{abs}}\left\{1-\exp\left[-\rho t\left(\frac{\mu_{s,\lambda}}{\sin\varphi_1}+\frac{\mu_{s,\lambda_i}}{\sin\varphi_2}\right)\right]\right\}\frac{\mu_{i,\lambda}I_\lambda\,\mathrm{d}\lambda}{\mu_{s,\lambda}+\frac{\sin\varphi_1}{\sin\varphi_2}\mu_{s,\lambda_i}} \tag{3-4}$$

当覆层厚度为 h 时,其初级荧光强度为

$$I_h = \frac{q}{\sin\varphi_1}C_i\left\{1-\exp\left[-\rho h\left(\frac{\mu_{s,\lambda}}{\sin\varphi_1}+\frac{\mu_{s,\lambda}}{\sin\varphi_2}\right)\right]\right\}\frac{E_i\mu_{i,\lambda}U_\lambda}{\frac{\mu_{s,\lambda}}{\sin\varphi_1}+\frac{\mu_{s,\lambda_i}}{\sin\varphi_2}} \tag{3-5}$$

式中,u_λ 是波长为 λ 的初级辐射的入射强度。

为简化公式,可定义

$$\bar{\mu}^* = \frac{\mu_{s,\lambda}}{\sin\varphi_1}+\frac{\mu_{s,\lambda}}{\sin\varphi_2}$$

和

$$k = \rho h \bar{\mu}^*$$

所以，当覆层有限厚度为 h 时，其荧光强度可简化为

$$I_h = \frac{q}{\sin \varphi_1} C_1 (1 - e^{-k}) \frac{E_i \mu_{i,\lambda} \mu_\lambda}{\bar{\mu}^*} \tag{3-6}$$

当覆层厚度为无限厚(∞)时，其荧光强度可以简化为

$$I_\infty = \frac{q}{\sin \varphi_1} C_i \frac{E_i \mu_{i,\lambda} U_\lambda}{\bar{\mu}^*} \tag{3-7}$$

有限厚度 h 的覆层与无限厚覆层的荧光强度比即为

$$\frac{I_h}{I_\infty} = 1 - e^{-k} \tag{3-8}$$

图 3-2 所示的曲线表明：

（1）当 k 值非常小时，$1 - e^{-k} \approx k$，所以强度比 $I_h/I_\infty = k$。

（2）计算临界厚度时，$k = 6.91$，厚度是临界厚度的最低值：

$$k = \rho h \bar{\mu}^* = 6.91 \tag{3-9}$$

$$h = \frac{6.91}{\rho \left(\dfrac{\mu_{s,\lambda}}{\sin \varphi_1} + \dfrac{\mu_{s,\lambda_i}}{\sin \varphi_2} \right)} \tag{3-10}$$

大于该临界厚度最低值的覆层厚度均可视为无限厚度。在激发条件一定的情况下，临界厚度或无限厚度与仪器的几何因子、激发辐射及荧光辐射的波长或能量有关。

2）薄膜

满足 $m(\mu/\rho) \leqslant 0.1$ 或 $I_h/I_\infty \leqslant 0.1$ 的覆层称为薄膜，其中 m 表示单位面积内覆层的质量(g/cm^2)；μ/ρ 表示覆层对初级辐射及荧光辐射的总质量吸收系数。

这类薄膜覆层的特点如下：

（1）当厚度不变时，荧光强度随浓度呈线性变化。

（2）当其化学组成不变时，荧光强度随覆层厚度呈线性变化，而基体的吸收-增强效应基本消失。

因此，对于这类薄膜覆层，可以检测其化学成分，也可以测量其厚度。

在非无限厚区域（图 3-2 所示的 B 区域）内，当覆层厚度增加时，荧光辐射会受到覆层吸收的影响，覆层厚度与荧光强度之间呈现较为复杂的非线性关系。

当厚度接近临界厚度时,荧光灵敏度逐渐下降。因此在检测薄膜覆层化学成分或测量其厚度时,必须考虑基体的吸收-增强效应以及由其他元素引起的次级荧光效应,可以忽略三次或更高次荧光效应。

对于厚度符合 $m(\mu/\rho) \leqslant 0.1$ 或 $k \leqslant 0.1$ 的多层覆层,测定各覆层的厚度或化学成分时,不仅要考虑层间同类元素荧光的影响,还须考虑其他元素引起的次级荧光的影响,并给予适当的校正。

多层覆层厚度或化学元素的测定要比单层覆层的测定更为复杂。

5. 测定覆层厚度的基本方法

测定某种金属镀层及涂层等覆层时,如果化学元素是已知的,其厚度的测定通常采用覆层元素发射法和基体元素吸收法。前者是基于覆层元素发射强度,后者是基于基体元素荧光强度衰减。

在覆层元素发射法及基体元素吸收法原理中,一般不考虑高次荧光效应等因素的影响,仍使用单色激发。

此外,随着基本参数法及相关软件的不断改进,也可以采用以基本参数法为基础的校准方法(即理论校准法)来测定覆层厚度或化学成分。

1) 覆层元素发射法

利用覆层中目标元素发射的荧光强度与厚度之间的线性函数关系,可以确定覆层厚度或质量厚度,称之为覆层元素发射法。采用这种方法可以测定基体上单层覆层的厚度。由式(3-8)可得

$$\mathrm{e}^{-k} = 1 - \frac{I_h}{I_\infty} \tag{3-11}$$

两边取自然对数:

$$k = -\ln\left(1 - \frac{I_h}{I_\infty}\right) \tag{3-12}$$

m 表示单位面积内覆层的质量,与式(3-9)合并,可得出:

$$m = \rho h = -\frac{1}{\bar{\mu}^*}\ln\left(1 - \frac{I_h}{I_\infty}\right) = \frac{-2.3026}{\bar{\mu}^*}\lg\left(1 - \frac{I_h}{I_\infty}\right) \tag{3-13}$$

为简化公式,可定义:

$$M = \frac{2.3026}{\bar{\mu}^*} \tag{3-14}$$

单位面积内覆层的质量为

$$m = -M \lg \left(1 - \frac{I_h}{I_\infty}\right) \qquad (3-15)$$

覆层的真实厚度为

$$h = -\frac{M}{\rho} \lg \left(1 - \frac{I_h}{I_\infty}\right) \qquad (3-16)$$

式(3-16)适用于纯元素、合金或化合物。在单色激发或有效波长激发时,对于元素固定的覆层,参数 M 为常数。单位面积内覆层的质量 m 用 g/mm^2 表示;覆层真实厚度 h 用 μm 表示。

覆层元素发射法由 H. A. Liebhafsky 和 P. D. Zemany 等首先提出,该方法通常适用于基体不含覆层元素试样的厚度测量。

2) 基体元素吸收法

利用基体元素荧光透过覆层时的强度衰减可以确定覆层厚度,称之为基体元素吸收法。这也是一种测定单层覆层的方法,同样是由 H. A. Liebhafsky 和 P. D. Zemany 提出。

该方法与覆层元素发射法类似,入射的初级辐射和基体元素发射的荧光辐射也会在覆层中被吸收。

透过覆层的基底线荧光强度 I_s 与基体的基底线荧光强度 I_{s0} 之间的关系如下:

$$\frac{I_s}{I_{s_0}} = \exp\left[-\rho h \left(\frac{\mu_{s,\lambda}}{\sin \varphi_1} + \frac{\mu_{s,\lambda_0}}{\sin \varphi_2}\right)\right] \qquad (3-17)$$

为简化公式,可定义:

$$(\bar{\mu}^*)_{i,j} = \frac{\mu_{i,j}}{\sin \varphi_1} + \frac{\mu_{i,\lambda_j}}{\sin \varphi_2} \qquad (3-18)$$

单位面积内覆层的质量为

$$m = \rho h = -\frac{1}{(\bar{\mu}^*)_{i,j}} \ln \frac{I_s}{I_{s_0}} = -\frac{2.3026}{(\bar{\mu}^*)_{i,j}} \lg \frac{I_s}{I_{s_0}} \qquad (3-19)$$

为简化公式,可定义:

$$M_{i,j} = \frac{2.3026}{(\bar{\mu}^*)_{i,j}} \qquad (3-20)$$

单位面积内覆层的质量:

$$m = -M_{i,j} \lg \frac{I_s}{I_{s_0}} \qquad (3-21)$$

覆层厚度为

$$h = -\frac{M_{i,j}}{\rho} \lg \frac{I_s}{I_{s_0}} \qquad (3-22)$$

即使是在多色辐射激发下，$M_{i,j}$ 仍然保持恒定不变，这一点与覆层元素发射法相类似。

在单位面积内覆层的质量的计算公式(3-21)和覆层真实厚度 h 的计算公式(3-22)中，均假定有限厚度覆层与无限厚覆层两者密度相同。

3) 理论校准法

Laguitton 提出了以基本参数校正为基础的理论校准法。当以发射法为基础时，将厚度为 h，组分 $C_i = 1$ 的覆层荧光理论强度与无限厚覆层荧光实际测量强度进行比对。

由初级荧光辐射强度公式(3-5)和式(3-9)可得

$$I_h = \frac{q}{\sin\varphi_1} \int_{\lambda_0}^{\lambda_{abs,i}} \frac{1 - \exp\left[-\rho h\left(\dfrac{\mu_{i,j}}{\sin\varphi_1} + \dfrac{\mu_{i,\lambda_j}}{\sin\varphi_2}\right)\right]}{\dfrac{\mu_{i,j}}{\sin\varphi_1} + \dfrac{\mu_{i,\lambda_j}}{\sin\varphi_2}} E_i \mu_{i,\lambda} I_\lambda \, d\lambda \qquad (3-23)$$

$$I_\infty = \frac{q}{\sin\varphi_1} \int_{\lambda_0}^{\lambda_{abs,i}} \frac{E_i \mu_{i,\lambda}}{\dfrac{\mu_{i,j}}{\sin\varphi_1} + \dfrac{\mu_{i,\lambda_j}}{\sin\varphi_2}} \, d\lambda \qquad (3-24)$$

用覆层厚度 $h < 10\,\mu m$ 的几种金属材料，以计算的强度比 I_h/I_∞ 作为覆层厚度的函数。这里存在两种情况，可用等效波长分别说明：

(1) 相对强度随覆层厚度的变化用直线表示时，表明入射辐射与单色辐射相同，等效波长 $\bar{\lambda}$ 无明显变化。

(2) 相对强度随覆层厚度变化曲线向横坐标弯曲时，表示随着覆层厚度增加，等效波长 $\bar{\lambda}$ 逐渐变短，这种波长的变化与入射辐射在覆层中进一步衰减有关。

计算覆层厚度 h 的荧光强度，利用积分中值定理，则式(3-23)可写成

$$I_h = \frac{q}{\sin\varphi} \left\{ 1 - \exp\left[-\rho h\left(\frac{\mu_{i,\bar{\lambda}}}{\sin\varphi_1} + \frac{\mu_{i,\lambda}}{\sin\varphi_2}\right)\right] \right\} \int_{\lambda_0}^{\lambda_{abs,i}} \frac{E_i \mu_{i,\lambda} I_\lambda}{\dfrac{\mu_{i,\lambda}}{\sin\varphi_1} + \dfrac{\mu_{i,\lambda_i}}{\sin\varphi_2}} \, d\lambda$$

$$(3-25)$$

式(3-25)除了含有等效波长 $\bar{\lambda}$ 外，与式(3-24)类似。将式(3-25)与式(3-24)两边相除可得

$$\frac{I_h}{I_\infty} = 1 - \exp\left[-\rho h\left(\frac{\mu_{i,\bar{\lambda}}}{\sin\varphi_1} + \frac{\mu_{i,\lambda}}{\sin\varphi_2}\right)\right] \tag{3-26}$$

式中，$\bar{\lambda}$ 为厚度为 h 时的等效波长。以基体元素吸收法为基础的理论校准处理方法类似于覆层元素发射法。i 表示覆层元素；ρh 为单位面积内覆层的质量（即 m）；j 表示基体参比元素；S 表示覆层的无限厚基体，既可以是纯元素，也可以是合金或化合物。

来自无覆盖层基体元素 j 的荧光强度为

$$I_{s_0} = \frac{q_j}{\sin\varphi_1}\int_{\lambda_0}^{\lambda_{\mathrm{abs},j}} \frac{E_j\mu_{j,\lambda}I_\lambda}{\dfrac{\mu_{s,\lambda}}{\sin\varphi_1} + \dfrac{\mu_{s,\lambda_j}}{\sin\varphi_2}}\,\mathrm{d}\lambda \tag{3-27}$$

覆层对于基体元素荧光辐射强度具有衰减作用，I_s 表示衰减后基底线 j 的荧光强度。

$$I_S = \frac{q_j}{\sin\varphi_1}\int_{\lambda_0}^{\lambda_{\mathrm{abs},j}} \frac{\exp\left[-\rho h\left(\dfrac{\mu_{i,\lambda}}{\sin\varphi_1} + \dfrac{\mu_{i,\lambda_i}}{\sin\varphi_2}\right)\right]}{\dfrac{\mu_{S,\lambda}}{\sin\varphi_1} + \dfrac{\mu_{S,\lambda_i}}{\sin\varphi_2}}E_{j,\lambda}I_\lambda\,\mathrm{d}\lambda \tag{3-28}$$

与前述覆层元素发射法的情况相同，可以得到

$$\frac{I_s}{I_{s_0}} = \exp\left[-\rho h\left(\frac{\mu_{i,\bar{\lambda'}}}{\sin\varphi_1} + \frac{\mu_{i,\lambda_j}}{\sin\varphi_2}\right)\right] \tag{3-29}$$

式中，$\bar{\lambda'}$ 是采用基体元素吸收法时的等效波长。元素 i 与元素 j 任意组合时，覆层厚度 h 与 I_s/I_{s_0} 之间的相关性可用基本参数校正方法进行较为精确的估算。

3.1.2　X 射线荧光法测厚设备及器材

X 射线荧光测厚设备与器材主要有 X 射线荧光光谱仪、元素基准试块及各厚度等级的镀层厚度标准试块等。

1. X 射线荧光光谱仪

X 射线荧光光谱仪是基于 X 射线荧光光谱法进行分析的一种常用光谱分析仪器，根据不同的分类标准，其仪器名称也不一样：按照激发方式分，有偏振光、同位素源、同步辐射和粒子激发等光谱仪；按照 X 射线的出射、入射角度分，有全反射光谱仪、掠出入射光谱仪等；按照分光方式分，有波长色散和能量色散光谱仪；按照操作结构分，有手持式和台式光谱仪。在电网设备应用中，常见的两种设备分类方式是按照分光方式和操作结构分类的设备。

1）波长色散 X 射线荧光光谱仪和能量色散 X 射线荧光光谱仪

（1）波长色散型 X 射线荧光光谱仪。

波长色散型 X 射线荧光光谱仪（wavelength dispersive X-ray fluorescence spectrometer，WDXRF）如图 3 - 3 所示，它是利用分光晶体的衍射来分离样品中的多色辐射，分为多道式光谱仪和顺序式光谱仪两种。多道式光谱仪采用固定通道，可同时获得固定的多元素信息；顺序式光谱仪通过顺序改变分光晶体的衍射角来获取全范围光谱信息。

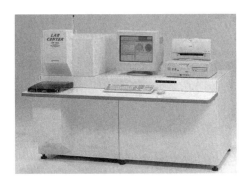

图 3 - 3　某品牌波长色散型 X 射线荧光光谱仪

波长色散型 X 射线荧光光谱仪由 X 射线管、初级滤光片、样品室、初级准直器、分光晶体、次级准直器、探测器、放大器、脉冲高度分析器、定时器、定标器、计数率记录仪和微处理机等部件组成，分别起激发、色散、探测、测量和数据处理及自动控制的作用，如图 3 - 4 所示。

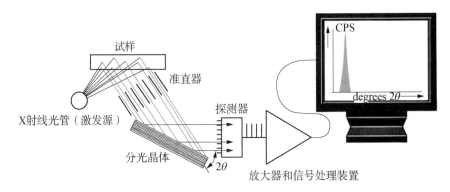

图 3 - 4　波长色散型 X 射线荧光光谱仪的结构

波长色散型 X 射线荧光光谱仪以晶体为主要色散元件，依据晶体的布拉格衍射原理实现 X 射线荧光光谱的空间色散，达到谱线分离、元素定性识别及定量分析的目的。

波长色散型 X 射线荧光光谱仪的优点是能量分辨本领高,不破坏样品,分析速度快,适用于测定原子序数 4(铍)以上的所有化学元素,分析精度高,样品制备简单。

(2) 能量色散型 X 射线荧光光谱仪。

能量色散型 X 射线荧光光谱仪(energy dispersive X-ray fluorescence spectrometer,EDXRF)是在波长色散型 X 射线荧光光谱仪的基础上,去掉了色散系统,由探测器本身的能量分辨能力来探测、接收及辨识 X 射线荧光,如图 3 - 5 所示。其结构一般由 X 射线管、滤光片、探测器、多道分析器和计算机数据处理系统等组成,如图 3 - 6 所示。

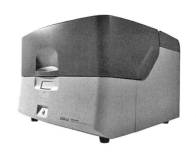

图 3 - 5　某品牌能量色散型
X 射线荧光光谱仪

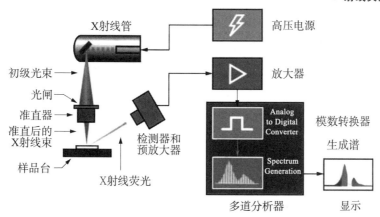

图 3 - 6　能量色散型 X 射线荧光光谱仪结构

能量色散型 X 射线荧光光谱仪的优点是可同时测量多条谱线,仪器使用简单,所发射荧光强度利用率高,全部 X 射线荧光光谱强度可同时累积,适用于原子序数 6(碳)及以上元素的分析。

能量色散型 X 射线荧光光谱仪的灵敏度和精密度比波长色散 X 射线荧光光谱仪低一个数量级。

2) 手持式 X 射线荧光光谱仪和台式 X 射线荧光光谱仪

目前大部分具备金属镀层厚度测量功能的手持式 X 射线荧光光谱仪和台式 X 射线荧光光谱仪大多为能量色散型 X 射线荧光光谱仪。

(1) 手持式 X 射线荧光光谱仪。

常见的手持式 X 射线荧光光谱仪如图 3 - 7 所示,一般包含四个主要硬件,即提供连续稳定 X 射线光子束的激发器(excitation source)、转换从样品发出 X 射线荧光光子能量成为可测量电子信号的探测器(detector)、将电子信号转换为荧光光谱的多频道分析器(muti-channel analyzer)和控制光谱仪操作并转换荧光强度为浓度或厚度的计算机(computer)。手持式 X 射线荧光光谱仪的工作原理如图 3-8 所示。

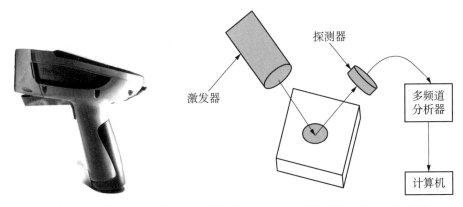

图 3-7 手持式 X 射线荧光分析仪　　图 3-8 手持式 X 射线荧光光谱仪的工作原理

与台式的 X 射线荧光光谱仪相比,手持式 X 射线荧光光谱仪最大的优势就是体积小、重量轻,且方便携带,无须像台式 X 射线荧光光谱仪那样需要特定的环境。

手持式 X 射线荧光光谱仪操作简单,操作者不需要长时间的技术培训;受检工件尺寸不受限制,只要表面干净无污染即可;分析速度快,一般情况下每次检测时间不超过 30 s;检测结果精度较高,同一试样可反复多次测量,结果重复性好;被测试样在测量前后,其化学成分、重量、形态等都保持不变,特别适合在现场或在线分析,能实时获取多种数据;可以同时测定样品中多种元素,元素可检测含量范围从 10^{-6} 至 100%。

手持式 X 射线荧光光谱仪应用范围广,适用于大部分电网设备部件的现场检测,且已在生产现场大量应用,是目前光谱分析和镀银层厚度测量的最常用手段。但其缺点也很明显,对原子序数较低的元素很难做到精准检测,在某些情况下检测结果的准确性和稳定性比台式 X 射线荧光光谱仪稍差。检测范围应当可以覆盖 $1\sim60~\mu m$ 厚度区间,准直器孔径应当不大于 5 mm,相对于台式 X 射线荧光光谱仪较大,有时即使采用小点模式也无法精确分析尺寸过小的试样,不能作为仲裁分析方法,当检测结果有异议时,需要采用其他检测方法如横断面显微法复核。

(2) 台式 X 射线荧光光谱仪。

台式 X 射线荧光光谱仪是一种较为大型的光谱仪器,需要固定在特定的实验室环境中运行,如图 3-9 所示。

台式 X 射线荧光光谱仪主要由光源、单色器、棱镜单色器、光栅单色器和狭缝组成。

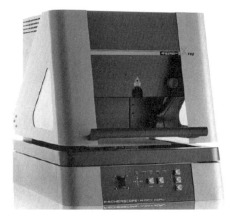

图 3 - 9　台式 X 射线荧光光谱仪

光源。早期的荧光分光光度计,配有能发生很窄汞线的低压汞灯。使用高压汞灯则谱线加宽,而且也存在高强度的连续带。然而,一个完整的激发光谱的测定需一种能发射从可见到紫外范围的较高强度的光辐射的灯。氙弧灯能满足此条件,因此,它是目前在荧光分光光度计中最广泛使用的光源。

单色器。单色器的作用是把光源发出的连续光谱分解成单色光,并能准确方便地"取出"所需要的某一波长的光,它是光谱仪的心脏部分。单色器主要由狭缝、色散元件和透镜系统组成,其中色散元件是关键部件。色散元件是棱镜和反射光栅或两者的组合,它能将连续光谱色散成为单色光。

棱镜单色器。棱镜单色器利用不同波长的光在棱镜内折射率的不同将复合光色散为单色光。棱镜色散作用的大小与棱镜制作材料及几何形状有关。

光栅单色器。光栅作为色散元件具有不少独特的优点。光栅可定义为一系列等宽、等距离的平行狭缝。光栅的色散原理是以光的衍射现象和干涉现象为基础。常用的光栅单色器为反射光栅单色器,台式 X 射线荧光光谱仪又分为平面反射光栅和凹面反射光栅两种,最常用的是平面反射光栅。光栅单色器的分辨率比棱镜单色器分辨率高(可达± 0.2 nm),而且它可用的波长范围也比棱镜单色器宽,且入射光 80%的能量在一级光谱中。近年来,光栅的刻制复制技术不断改进,台式 X 射线荧光光谱仪的质量也不断提高,应用也日益广泛。

狭缝。狭缝是单色器的重要组成部分,直接影响到分辨率。狭缝宽度越小,单色性越好,但光强度也随之减少。

与手持式 X 射线荧光光谱仪相比,台式 X 射线荧光镀层光谱仪检测范围可以覆盖 $0.5 \sim 80\ \mu m$ 的厚度区间,准直器孔径不大于 0.3 mm,检测结果更为准确,且稳定性较好。当对手持式 X 射线荧光光谱仪的检测结果有异议时,可以使用台式 X 射线荧光光谱仪复核。

2. 标准试块

标准试块主要包括元素基准试块和各厚度等级的镀层厚度标准试块。使用时这两种标准试块都应当计量合格并在有效期内。使用这两类标准试块时,当条件变化不会影响到用来计算厚度和化学成分读数的辐射特性时,镀层结构可以不相同。

1）元素基准试块

元素基准试块用于台式 X 射线荧光光谱仪对基体和镀层元素的基准测量。试块上通常包括银(Ag)、铜(Cu)、铬(Cr)、铁(Fe)、镍(Ni)、锌(Zn)等基体或镀层常用元素,各元素厚度应不低于其饱和厚度,以防止反面材料的干扰。

2）各厚度等级的镀层厚度标准试块

各厚度等级的镀层厚度标准试块用于手持式 X 射线荧光光谱仪和台式 X 射线荧光光谱仪在检测前或者检测后的仪器校准。这类试块应具有与被检测试样相同的基体和镀层材质,其镀层厚度应已知,且与预期的(或实测的)被检测试样镀层厚度相接近;也可采用金属箔标准片覆盖于元素基准片表面作为厚度标准试块,此时必须注意确保接触面清洁,且无褶皱扭结。对于电网设备金属监督中的镀银层厚度测量,镀层厚度标准试块一般采用基体铜镀银材质,至少应当包括 $5\,\mu m$、$10\,\mu m$、$20\,\mu m$、$30\,\mu m$、$40\,\mu m$、$50\,\mu m$ 厚度等级。

3.1.3　X 射线荧光法测厚通用工艺

X 射线法荧光测厚通用工艺主要包括检测前的工作准备、仪器设备及校准试块的选择、检测仪器的校准与调试、测量实施、结果评定、记录与报告等。

1. 检测前的工作准备

（1）检测环境应当避免强电、磁场干扰。

（2）检测人员应当尽量全面地查阅相关技术资料,对被检测工件的名称、检测部位以及镀层结构做好相关记录。

（3）检测人员应对检测设备进行通电检查,对相应的功能进行测试,检测设备应满足检测要求。检测人员应该按照相关标准要求对被检测工件进行外观检查,判断其是否满足检测要求,且选择检测部位时,应尽量避开缺陷位置。

（4）被检测工件的检测面应清洁无污物,必要时可以采用无水乙醇或丙酮擦拭清洗表面。

2. 仪器设备及校准试块的选择

根据测量环境、条件、要求及目的,选择手持式或者台式 X 射线荧光光谱仪。

根据被检测试样覆层厚度预估值,选择检测前校准试块;根据被检测试样覆层厚度实测值,选择检测后复核校准试块;台式 X 射线荧光光谱仪还应根据基体和覆层材质,选择相应的元素基准试块。

3. 检测仪器的校准与调试

检测仪器校准应按照仪器说明书或操作规程的规定进行,并考虑可能会影响到检测结果的因素和不确定度。

1）手持式 X 射线荧光光谱仪的校准与调试

（1）选择仪器的检测模式和激发模式。

① 检测模式应当选择"镀层厚度检测模式"。

② 激发模式有手动激发和自动激发两种，如果采用自动激发模式，应设置自动激发时间。对于单镀层结构的激发时间最好不小于 15 s，对于双镀层结构的激发时间最好不小于 30 s。

（2）在完成选择检测模式和激发模式之后，应选择适当的标准试块对设备进行校准，误差应当控制在 5% 以内。

（3）根据被检工件的镀层结构，选择与工件镀层结构相对应的产品程式。如镀层为单一镀层（铜镀银）或双镀层（铜镀锡镀银、铜镀镍镀银），宜使用 X 射线荧光光谱仪的光谱分析功能，分析镀层的化学成分，甄别镀层结构。

2）台式 X 射线荧光镀层光谱仪的校准与调试

（1）检测人员应根据被检测工件的镀层结构，选择与被检测工件镀层结构相对应的产品程式。

（2）被检测部位应为工件导电回路的接触部位。在必要时应采取拆解、切割等方式对该部位进行取样。取样时应保证被检测部位的镀层不被破坏。

（3）试样放置应保证检测部位与准直器（X 射线光束）垂直。

4. 测量实施

1）手持式 X 射线荧光光谱仪的测量实施

（1）应将仪器的检测窗口垂直并紧贴被检测部位的表面，测点不宜选择在靠近工件边缘、孔洞及曲率半径较大的部位。

（2）检测过程中应保证检测窗口不发生移动、晃动、歪斜等现象。

（3）如果工件尺寸过小，小于仪器的准直器孔径，或者测量必须在曲面上进行时，应启用仪器的小孔模式，保证被检测面全部覆盖小孔区域，或者保证检测点位于曲面的最高点上。

（4）每个工件检测应不少于 3 点，测点应均匀分布，测点与测点之间的距离应根据工件大小及仪器准直器孔径进行确定。被检工件表面积不能满足要求时，宜选择 3 个（组）工件叠加测量。

（5）检测结果为零或数值异常偏小时，应重新选择金属材料化学成分检测模式，分析镀层化学成分。

2）台式 X 射线荧光光谱仪测量实施

（1）被检测工件摆放位置应符合 X 射线光束不受干扰的原则。

① 当检测面是曲面的时候，应使曲面纵轴与吸收器平行，且检测点应位于曲面的最高点，如图 3-10 所示。

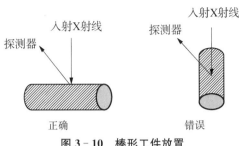

图 3‑10 棒形工件放置

② 放置形状复杂工件(如 L 形工件)时,应确保工件不会遮挡 X 射线荧光,如图 3‑11 所示。

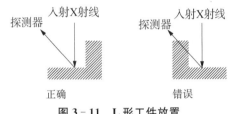

图 3‑11 L 形工件放置

③ 检测面为斜面时,应制作工装,确保检测面水平放置,如图 3‑12 所示。

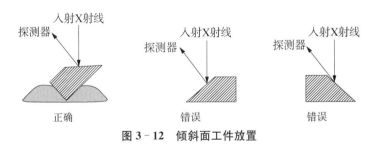

图 3‑12 倾斜面工件放置

(2) 应保证检测面积和工件曲率半径满足不小于检测设备规定的最小适用面积和最小曲率半径的要求。

(3) 每个被检测工件应至少检测 3 个部位,各检测部位应均匀分布,测点与测点之间的距离应根据样品大小以及仪器设备准直器孔径进行确定。当被检测工件表面积不能满足要求时,宜选择 3 个工件叠加测量。

(4) 同一检测部位检测应不少于 3 次,取检测结果的算术平均值作为该部位的最终检测结果,检测结果应按照《数值修约规则与极限数值的表示和判定》(GB/T 8170—2008)进行修约,数值至少保留一位小数。

(5) 任一检测值与平均值之间的偏差不得大于平均值的 10% 或 1 μm(以两者中

的较小值为准),否则应判定该组检测结果无效,需要重新校正仪器、对被检测工件表面进行清洁或者调整摆放位置来消除检测偏差。

3)厚度测量的影响因素

X 射线荧光测厚的影响因素主要有计数统计、校准标准试块、覆盖层厚度、检测面的尺寸、试样表面的清洁度、试样表面的倾斜度、激发能量和激发强度及检测器等。

(1)计数统计。在单位时间内,X 射线量子的产生是随机的,发射的量子数不一定总是相同的,于是就产生了统计误差。这种统计误差是所有的辐射测量固有的,与其他类型的误差,比如检测人员的错误操作或使用不正确的标准等引起的误差无关。要将统计误差降到可接受的水平就必须采用一个适当长的计数周期,以积累足够的计数。

当使用能量色散型 X 射线荧光光谱仪时,应该认识到预定相当大部分的计数周期可能是通过死时间而消耗的,即超过系统计数容量的时间。应当按照仪器制造厂家对其特殊仪器的使用说明,来修正死时间带来的损失。

(2)校正标准试块。应用覆层厚度标准试块进行校正测量,标准试块的不确定度要小于 5%。但是对于薄覆层,由于粗糙度、孔隙和扩散等原因,保证 5% 的不确定度较困难,因此,标准试块的单位面积质量、密度、厚度和成分必须要有保证,且能溯源至国家、国际或者其他能接受的标准。

(3)覆盖层厚度。在可以重复的条件下,检测的厚度范围会影响测量的不确定度。一般来说,覆层材料不同,可检测的厚度极限范围不同。

(4)检测面的尺寸。应选择一个与试样形状和尺寸相称的准直器孔径,以得到尽可能大的检测面。如果检测必须在曲面上进行,应当选择合适的准直器或光束限制孔,使表面曲率影响减小到最小。使用与试样同样尺寸或形状相称的标准试块进行校正,可以消除试样表面曲率的影响,但这种测量一定要在相同位置、相同表面和相同测量面积上进行。

(5)试样表面的清洁度。试样表面上的外来物质如夹杂物、共沉积物或由基体与覆层界面扩散形成的合金层都会导致测量不精确,保护层、表面处理或油脂也会导致测量不精确,除此之外,测量结果还会受到空洞和孔隙的影响。

(6)试样表面的倾斜度。试样表面相对于 X 射线束的倾斜度与在校正过程中的不同,则计数率会发生明显变化,这会造成检测结果发生极大的变化,例如试样表面倾斜度相差 5°,可以使计数率变化 3%,最终会导致厚度检测结果变化 12%。

(7)激发能量和激发强度。由于 X 射线荧光辐射的强度取决于激发能量和激发强度,所以使用的仪器必须足够稳定,才能在校正和测量时提供相同的激发特性,例如 X 射线管电流的变化将改变射线管辐射的初级强度。

(8)检测器。检测系统的不稳定或非正常运行会引起检测误差。所以在检测开始之前要检验仪器的稳定性,可以通过仪器自动检验进行,也可以通过检测人员手动进行。

5. 结果评定

按照相应产品技术条件或相关技术标准要求,对被测工件的测量结果进行评定。

6. 记录与报告

按相关技术标准要求,做好原始记录及检测报告的编制、审批。

3.1.4　X射线荧光法测厚技术在电网设备中的应用

1. 隔离开关触头镀银层 X 射线荧光法测厚

2022 年 6 月,对山东省某 110kV 变电工程开展金属专项监督,检测隔离开关触

头镀银层厚度,每个厂家、每种型号抽取 1 相,包括接地变压器隔离开关触头、中性点隔离开关触头和电容器隔离开关触头。

经查阅相关技术资料,接地变压器隔离开关触头型号为 TBB10 - 4800/200 - AK,基体材质为铜,镀层材质为银,如图 3 - 13 所示;中性点隔离开关触头型号为 DKSC - 1100/35,基体材质为铜,镀层材质为银,如图 3 - 14 所示;电容器隔离开关触头型号为 GW13 - 72.5W/1600,基体材质为铜,镀层材质为银,如图 3 - 15 所示。

图 3 - 13　接地变压器隔离开关触头

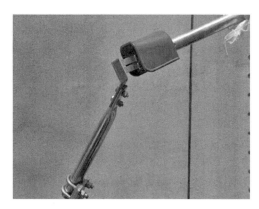

图 3 - 14　中性点隔离开关触头

图 3 - 15　电容器隔离开关触头

检测依据《金属覆盖层　覆盖层厚度测量　X 射线光谱方法》(GB/T 16921—2005),采用 X 射线法镀银层测厚技术,对以上 3 种隔离开关触头镀银层厚度进行检测。

1) 检测前的准备

（1）资料收集。收集接地变压器隔离开关触头、中性点隔离开关触头和电容器隔离开关触头编号、型号、基体和镀层材质、生产厂家等相关信息，明确接地变压器隔离开关触头、中性点隔离开关触头和电容器隔离开关触头的编号、部位和数量。

（2）检测时机。在到货验收阶段进行检测。

（3）现场勘察。检测人员对施工现场及环境进行勘察，重点关注以下信息：

① 检测人员核对接地变压器隔离开关触头、中性点隔离开关触头和电容器隔离开关触头位置，确认接地变压器隔离开关触头信息无误且不存在影响开展检测作业因素。

② 检测人员核查现场环境，温度为 31℃、相对湿度为 65%、无雨雪、无扬尘、照明充足、无电气设备产生的强磁场，满足现场检测环境要求。

（4）被检测工件表面检查。确认接地变压器隔离开关触头、中性点隔离开关触头和电容器隔离开关触头表面无脏污及检测部位的面积，若小于 $\phi5\,mm$ 的圆面积，应打开仪器的小点分析模式（如有）。

2) 光谱仪、标准试块的选择

光谱仪器：德国布鲁克公司（Bruker）生产的 SI TITAN 800 型手持式 X 射线荧光光谱仪。

标准试块：20 μm、30 μm、40 μm 厚度等级的铜镀银标准试块。

3) 检测仪器的校准与调试

（1）开机：

将仪器腕带扣在手腕上，防止后续过程中仪器跌落；

长按开/关机键，启动仪器；

仪器"初始化"，此过程大约耗时 0.5 min，"初始化"成功，即完成仪器自校准；

点击"登录"，输入密码，单击"确认"；

阅读辐射警告，扣动并释放扳机，进入操作界面；

确认电池电量满足检测要求，等待仪器完成预热。

（2）功能设置：

点击"应用"，选择"Ag On Cu Coating"（铜镀银）分析模式；

点击"设置"，开启"自动激发"模式，由于隔离开关触头为基体铜镀银，属于单镀层结构，所以设置"激发持续时间"为 15s 即可。

（3）使用标准试块校准。

隔离开关触头实际的镀银层厚度为 20~40 μm，所以选择 20 μm、30 μm、40 μm 这 3 个厚度等级的铜镀银标准试块进行仪器校准。

将 3 个厚度等级的标准试块分别放置在仪器的检测窗口上，确保将整个窗口覆盖住,扣动扳机分别进行测试。

此时仪器开始工作,仪器两侧的红灯亮起,X射线激发,在红灯熄灭之前,请勿移动仪器。

如图3-16所示,每个标准试块连续检测3次后,点击屏幕下方"计算平均值"按钮,仪器将自动计算最新3次检测结果的平均值,通过下式计算相对误差:

$$相对误差＝(测量平均值－标准值)÷标准值×100\% \qquad (3-30)$$

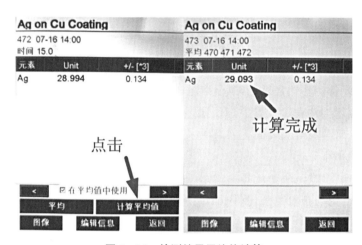

图3-16　检测结果平均值计算

校准结果及误差见表3-1。

表3-1　检测前校准结果及误差

标准试块值/μm	20.660	28.750	39.560
实测值1/μm	20.674	29.020	40.394
实测值2/μm	20.080	29.266	40.143
实测值3/μm	19.544	28.994	39.721
实测平均值/μm	20.099	29.093	40.086
误差/%	−2.714%	+1.193%	+1.330%

根据校准结果,该布鲁克SI TITAN 800型手持式X射线荧光光谱仪检测前校准测量误差均在5%以内,仪器符合检测要求。

4)测量实施

(1)实施测量。将仪器的发射窗口与接地变压器隔离开关触头导流接触面垂直接触,并确保将整个发射窗口覆盖住,如图3-17所示。

图 3‑17　接地变压器隔离开关触头镀银层厚度检测

　　扣动扳机进行检测,连续检测 3 次,点击"计算平均值"按钮,计算平均值,记录检测结果。

　　同样,对中性点隔离开关触头和电容器隔离开关触头进行镀银层厚度检测,如图 3‑18 所示,并记录检测结果。

　　(2) 注意事项。①在调试、校准及检测期间,严禁将发射窗口指向人体的任一部位,以防止 X 射线对人体造成辐射伤害。②当样品尺寸较小时,应开启仪器"小点模式"。③检测时,应当以稳定后的数据为准,进行单独层结构的镀层厚度检测时,测试时间应不少于 15 s。④检测数据不稳定时,应检查检测面是否完全覆盖检测窗口,检测面是否有污物。⑤检测数据偏小时,可能与检测面不平整、检测面过小或样品表面

(a)　　　　　　　　　　　　　　　　　　　(b)

图 3‑18　中性点和电容器隔离开关触头镀银层厚度检测

(a)中性点隔离开关触头;(b)电容器隔离开关触头

不清洁有关。⑥检测结果为 0 或接近 0 时,应检查镀层材质是否为银、基体材质与程序设置是否一致。⑦仪器电量不足时,检测数据的准确性会受到影响。

5)检测仪器再次校准

为确保仪器测量数据准确,检测后再次采用标准试块进行校准,校准结果及误差如表 3-2 所示。

表 3-2　检测后校准结果及误差

标准试块值/μm	20.660	28.750	39.560
实测值 1/μm	19.969	28.818	40.450
实测值 2/μm	20.507	29.054	39.395
实测值 3/μm	20.182	29.383	40.027
实测平均值/μm	20.219	29.085	39.957
误差/%	−2.133%	1.165%	1.004%

根据校准结果,该布鲁克 SI TITAN 800 型手持式 X 射线荧光光谱仪检测后校准测量误差均在 5% 以内,仪器符合检测要求。

检测结束,点击"退出",长按开/关机键关机,解下腕带,将仪器放回至箱内。

6)结果评定

接地变压器隔离开关触头、中性点隔离开关触头和电容器隔离开关触头的镀银层厚度检测结果及平均值如表 3-3 所示。

表 3-3　隔离开关触头镀银层厚度的实测值

隔离开关		实测值 1/μm	实测值 2/μm	实测值 3/μm	平均值/μm
触头	接地变压器	32.362	32.461	32.264	32.362
	中性点	31.199	31.342	31.143	31.228
	电容器	29.312	29.421	29.337	29.357
触指	接地变压器	29.513	29.762	29.651	29.642
	中性点	37.545	37.245	37.421	37.404
	电容器	47.384	47.464	47.372	47.407

根据《电网设备金属技术监督导则》(Q/GDW 11717—2017)规定,判定接地变压器隔离开关触头、中性点隔离开关触头和电容器隔离开关触头的镀银层厚度均符合

要求。

7）出具检验报告

根据相关技术标准要求,做好原始记录及检测报告的编制、审批、签发等。

2. 开关柜触头镀银层 X 射线荧光法测厚

在变电工程现场进行镀银层厚度检测时,大部分开关柜触头已经完成组装,检测部位只能选取梅花触头端部。由于触头端部表面积较小,且每组触头为两个触头片并排放置,中间留有一道缝隙,因此在使用手持式 X 射线合金分析仪进行检测时,即使打开小点模式,也有可能会存在一定的误差,导致实测值比实际值偏小。当检测结果有异议时,需要使用台式 X 射线荧光镀层光谱仪对检测结果复核。

2022 年 7 月,对山东省某 220 kV 变电工程开展金属专项监督,检测开关柜触头镀银层厚度,每个厂家抽取 1 相。

经查阅相关技术资料,开关柜触头型号为 KYN28A - 12,基体材质铜,镀层材质银,如图 3 - 19 所示。

(a)   (b)

图 3 - 19 开关柜触头镀银层厚度检测

(a)开关柜触头;(b)现场检测

使用手持式 X 射线合金分析仪对某开关柜 B 相触头进行检测,上、下触头均检测3 次,并取其平均值,检测结果如表 3 - 4 所示。

表 3 - 4 开关柜 B 相触头镀银层厚度的现场实测值

开关柜触头	实测值1/μm	实测值2/μm	实测值3/μm	平均值/μm
上触头	7.862	7.947	7.886	7.898
下触头	7.918	7.986	7.972	7.959

根据 DL/T 1424—2015 的规定,开关柜 B 相触头镀银层厚度的实测平均值略低

于标准值,检测结果疑似不合格。

为了严把入网设备质量关口,保障电网设备安全稳定运行,检测人员随即与生产厂家及使用单位的技术人员共同协商,将检测结果存在异议的开关柜触头拆解,带回实验室进一步分析。

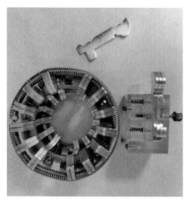

图 3-20 随机取样

1) 检测前的准备

(1) 对实验室环境进行勘查,室温 25℃、相对湿度 42%,满足实验室检测环境要求。

(2) 对拆解后的开关柜触头的表面状况进行检查,发现拆解后的开关柜触头表面有脏污,用无水乙醇轻拭清洗后,满足检测要求。

(3) 如图 3-20 所示随机选取 3 个触头片,固定在专用夹具上。

2) 光谱仪器及标准试块的选择

光谱仪器:德国菲希尔公司(FISCHER)生产的台式 XDL230 型 X 射线荧光镀层光谱仪。

校准试块:元素基准试块,8 μm 厚度等级的铜镀银标准试块。

3) 检测仪器的校准与调试

(1) 开机:

打开仪器电源开关,等待 5 min 后,打开测量头上的高压钥匙。

打开电脑主机、显示器、打印机。

打开 WinFTM® 软件(见图 3-21),点击启动窗口上的“确定”按钮。

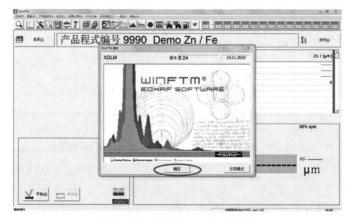

图 3-21 开启 WinFTM® 软件

（2）预热：

为了保证检测的精确性和稳定性，在仪器开启之后，必须进行充分的预热。预热方法如下：

如图3-22所示，点击菜单"一般"，选择"光谱"，进入光谱界面。

图3-22　选择"光谱"

如图3-23所示，放入标准试块，聚焦清晰后，点击"绿色人形按钮"，开始不间断测量。

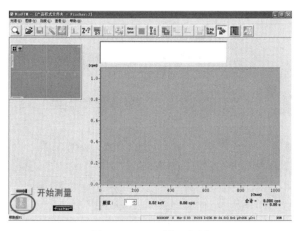

图3-23　开始测量

等待约30 min后，点击"红色人形按钮"，停止测量，然后点击右上角"门形按钮"（见图3-24），退出光谱界面，完成预热。

（3）基准测量：

注意：因为仪器是以元素Ag为基准进行检测的，所以必须精确定位元素Ag的

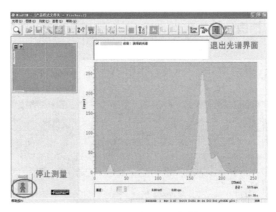

图 3 - 24 停 止 测 量

位置,不能偏移。如果此步骤无法通过,表示环境可能过于潮湿,必须增加预热时间,或降低环境湿度,直到基准测量完成,才能继续进行下一步。

基准测量具体步骤如下:

将元素 Ag 置于工作台上,调整其位置并聚焦清晰,使其清楚显示在视频窗口十字线中央。如图 3 - 25 所示。

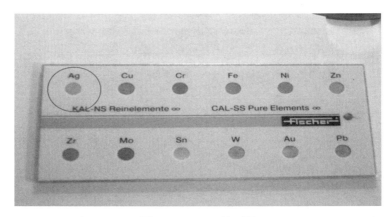

图 3 - 25 Ag 元 素

如图 3 - 26 所示,点击菜单"一般",选择"测量基准",弹出"测量基准"对话框,然后点击"开始基准测量"按钮,开始基准测量。

等待数秒,测量元素 Ag 结束后,出现"测量元素 Cu"信息,如图 3 - 27 所示。再放上元素 Cu 进行测量。

如图 3 - 28 所示,基准测量结束时,显示"基准测量完成,接受?"对话框,点击"确定",完成基准测量。

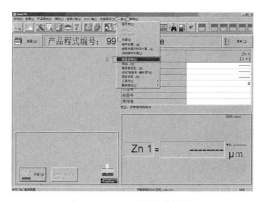

图 3 - 26　开始基准测量

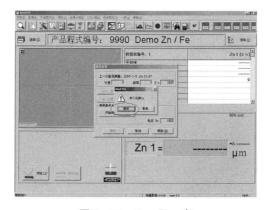

图 3 - 27　Cu　元　素

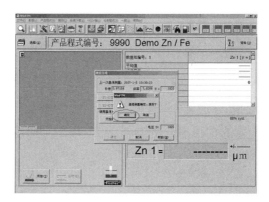

图 3 - 28　基准测量完成

图 3-29　样品放置

4）测量实施

（1）由于本次检测试样是基体铜镀银,为单独层结构,所以点击菜单"产品程序",选择"Ag On Cu"程式,激发时间设定为 15 s。

（2）如图 3-29 所示,将样品置于工作台上,调整其位置并聚焦清晰,使其清楚显示在视频窗口十字线中央。

需要注意的是,必须正确放置样品,保证 X 射线荧光不受干扰。从正面看,X 射线荧光接收器要在所放置样品的左边。

（3）点击屏幕左下角"测量"按钮（也可以按下仪器控制台上的"START"按键）,开始测量,倒计时结束后即完成一次测量,每个测点激发三次,检测结果如图 3-30 所示。

图 3-30　检　测　结　果

5）复核校准

检测完成后,立即选取与检测结果数值相近标准试块（镀层厚度为 8.4 μm）,对检测结果进行复核校准。重复检测步骤,对标准试块的镀层厚度值进行检测,结果如图 3-31 所示。

6）结果评定

检测与复核校准结果如表 3-5 所示。

图 3 - 31　复核校准结果

表 3 - 5　开关柜 B 相触头镀银层厚度检测结果

	实测值 1/μm	实测值 2/μm	实测值 3/μm	平均值/μm
随机触头片 1	8.9	8.8	8.0	8.6
随机触头片 2	8.3	8.8	8.9	8.7
随机触头片 3	8.7	8.1	8.8	8.5
标准试片	8.2	8.3	8.3	8.3

由检测结果可见,镀层厚度为 8.4 μm 的标准试块,镀层厚度实测平均值为 8.3 μm,相对误差为 -1.2%,在标准允许范围之内。

该开关柜触头随机选取的 3 个触头片,镀层厚度实测平均值分别为 8.6 μm、8.7 μm、8.5 μm,根据 DL/T 1424—2015 规定,该开关柜 B 相触头镀银层厚度的复核结构满足标准要求,判定为合格。

7) 记录与报告

根据相关技术标准要求,做好原始记录及检测报告的编制、审批、签发等。

8) 注意事项

(1) 仪器供电电压必须与仪器铭牌上的电压一致,必须使用三线插头连到一个已接地的插座上。

(2) 该仪器为精密仪器,建议配备高精度的稳压电源,计算机应配备不间断电源(UPS)。

(3) 仪器应特别注意与存在电磁的场合隔离,避免阳光直晒。在操作过程中,环境温度和湿度应保持恒定。

（4）为避免短路，严禁仪器与液体直接接触。如果液体进入仪器，请立刻关闭仪器，并在重新使用前请仪器厂家技术人员全面检查仪器。

（5）标准试块应妥善保管，保持干燥，不要弄脏和刮擦，不要用任何机械或化学的方法清除校正标准片上的污物。

总结：通过以上案例，特别应注意的是，检测人员在生产现场使用手持式 X 射线光谱仪进行检测时，对于开关柜触头这类体积、检测面积较小的工件，即使打开小点模式，实测值也有可能比实际值偏小，检测结果可能存在一定的误差，所以，在判定是否合格时应当慎重，必要时应将其拆解，带回实验室使用台式 X 射线荧光光谱仪对现场检测结果进行复核，根据复核结果再做结论。

3.2　辐射法测厚技术

辐射法测厚也称电离辐射测厚，是利用特定射线（β、γ 或 X 射线）具有较强的穿透能力及其通过材料的衰减遵循一定规律的特性来实现对材料厚度检测。根据采用的射线种类不同，辐射法测厚技术可用于钢铁、造纸、薄膜、管道油垢等材料的厚度测量。

由于 X 射线荧光法的普及，β 射线背散射法在覆盖层测厚方面的应用越来越少，因此，本节只讨论透射式辐射法测厚，不涉及 β 射线背散射法射线测厚。

3.2.1　辐射法测厚原理

辐射法测厚使用的射线产生方式有两种：放射性同位素（放射源）和射线装置（射线管）。β 和 γ 射线通常由放射性同位素产生，常用的放射源有 ^{90}Sr、^{204}Tl、^{106}Ru、^{137}Cs、^{60}Co、^{192}Ir 等。X 射线通常由 X 射线管产生。β 射线是高速运动的电子流，带有负电，γ 和 X 射线是高能电磁波，不带电。

射线穿过物质后，会与物质发生散射、吸收等作用而衰减，导致强度降低，强度降低的多少与射线种类、透射距离、物质的材质及密度等因素相关。

1. β 射线与物质相互作用

β 射线属于带电粒子流，穿过物质时发生的相互作用有电离、激发、散射、吸收、韧致辐射等。

（1）电离。β 射线穿过物质时会与原子核外电子发生非弹性碰撞，物质核外电子从入射电子处获得足够的能量从而脱离原子核的束缚，形成离子-电子对。

（2）激发。物质的核外电子从 β 射线获得的能量不足以挣脱原子核的束缚时，可能从低能量轨道跃迁至高能量轨道，从而处于激发态。激发态的原子不稳定，很快释放出能量（次级辐射）回到稳态，次级辐射总称为荧光。

（3）散射。β射线穿过物质时，在原子核库仑力作用下改变了运动方向，但不改变能量，称为弹性散射。由于β粒子质量相对原子核来说非常小，β射线的散射角度可以很大，而且可以发生多次散射，导致偏离原来运动方向，甚至散射角度可以大于90°，形成背散射。

背散射的强度通常为被穿过物质原子序数的函数，如果材料表面有覆盖层，且覆盖层和基体材料的原子序数相差足够大，那么背散射强度将介于基体材料和覆盖层材料背散射强度之间，基于此原理可以用来测量覆盖层的厚度，但目前应用很少。

（4）吸收。β射线穿过一些原子序数较大或厚度较厚的材料时，能量耗尽却未能穿透材料，被材料原子所束缚成为核外电子，称为β射线的吸收。其穿透距离（射程）取决于入射β射线能量大小。

（5）韧致辐射。韧致辐射也称为制动辐射，是指高速电子骤然减速产生的辐射。β射线经过原子核附近时，在库仑力作用下突然减速，将动能以连续辐射电磁波的形式释放。韧致辐射的概率与材料原子序数的平方成正比，即材料原子序数越大越容易发生韧致辐射。

2. 电磁辐射与物质相互作用

γ射线和 X 射线属于电磁辐射，与物质的相互作用主要包括光电效应、康普顿效应、电子对效应和瑞利散射等。

1）光电效应

入射的光子（γ、X 射线）与物质的原子核外电子相互作用，把全部能量传递给核外电子，使电子脱离原子核束缚成为自由电子，剩余的能量转化为电子动能，该过程称为光电效应。只有当入射光子能量大于核外电子与原子核的结合能时才会发生光电效应。

光电效应发生后，核外电子层中会产生空位，整个原子处于不稳定状态，外层电子将向内跃迁，释放出能量（X 射线），使原子回到稳态。对于特定元素来说，核外电子分布是特定的，不同能级间的能量差也是固定的，即特定层级间发生跃迁时辐射出的能量和元素种类相关。这种荧光辐射产生的 X 射线不是连续的，而是具有和元素种类相关的特定能量（波长），也称为特征 X 射线。光电效应也是 X 射线荧光光谱仪用于材质鉴别、镀层测厚的基本原理。

2）康普顿效应

入射光子（γ、X 射线）与物质的原子核外层电子相互作用，将一部分能量传递给外层电子，使外层电子从轨道飞出形成反冲电子，同时由于碰撞，入射光子的能量减少，传播方向也发生了变化，成为散射光子。

康普顿效应发生的概率与物质原子序数成正比，与入射光子能量成反比。

3）电子对效应

入射光子(γ、X射线)与物质的原子核相互作用,光子在库仑场作用下释放出全部能量并消失,转化为一对正、负电子,称为电子对效应,产生的电子对向不同方向飞出。根据能量守恒定律,只有当入射光子能量 E_γ 大于正负电子对静止能量时,即 $E_\gamma > 2m_0c^2 = 1.02\,\mathrm{MeV}$ 时,电子对效应才会产生。

产生的正电子寿命极短,会与负电子结合重新转化为能量相同(0.51 MeV)方向相反的两个光子,该过程称为电子对的湮灭。

电子对效应发生的概率与物质原子序数的平方成正比,与入射光子能量的对数近似成正比。

4）瑞利散射

入射光子(γ、X射线)与物质原子内层轨道电子作用,电子吸收光子能量后跃迁至高能级,随即又释放一个能量约等于入射光子能量的散射光子,可以认为光子能量的损失忽略不计。

瑞利散射发生的概率与原子序数的平方成正比,并随入射光子能量的增大而急剧减小。当原子序数高、入射光子能量低时瑞利散射是比较重要的过程,但在总的能量衰减中,瑞利散射导致的衰减不超过 20%。

3. 射线衰减规律

射线穿过物体时由于与物质相互作用,部分能量被吸收、散射等,导致透过射线的强度减弱,称为射线强度衰减。利用射线衰减规律进行厚度测量时,需要区分单色射线和连续谱射线。在实际使用过程中,使用放射性同位素产生的 β 和 γ 射线为单色射线,使用 X 射线管产生的 X 射线为连续谱射线。

1）单色射线

单色射线是能量(波长)单一的射线,其穿过物体时强度衰减与物质的性质、厚度及射线初始能量有关。对于单色窄束射线,穿过均匀的物体时(见图3-32),在一定厚度范围内,强度的衰减量正比于入射射线的强度和物体的厚度,其相互关系可表示为

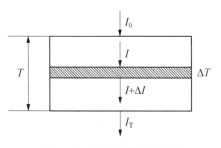

图 3 - 32　单色窄束射线衰减规律示意图

$$\Delta I = -\mu I \Delta T \qquad (3-31)$$

对式(3-31)两边积分可得

$$I_\mathrm{T} = I_0 \mathrm{e}^{-\mu} \qquad (3-32)$$

式中，I_0 为入射射线强度；I_T 为透射射线强度；T 为待测物体厚度；μ 为线衰减系数（cm^{-1}）。

式（3-32）表明，单色射线穿过均匀物体时其强度是以指数规律迅速衰减的，衰减的快慢取决于物体厚度 T 和线衰减系数 μ。线衰减系数代表了射线穿过物体单位长度时平均发生各种相互作用的可能性，表征着射线穿过物体时强度衰减特点。

在理论计算时，常用线衰减系数 μ 除以物质的密度 ρ，得到质量衰减系数 μ_m，即 $\mu_m = \mu/\rho$，单位为 cm^2/g，其含义为每克质量物质对射线衰减的程度。

2）连续谱射线

在实际射线测厚应用中，一般都是连续谱宽束射线。在穿过物体时，随着厚度增加，不仅射线总强度会下降，而且平均波长会向短波移动，也就是透过射线会明显硬化，这是因为波长较长的低能射线更容易被吸收的缘故。

连续谱射线用于测厚时，由于不同波长的射线具有不同的衰减系数，为了信号处理方便，通常采用等效波长，将连续谱射线当作单色射线来处理，此时等效波长对应的单色射线的半值层厚度应与连续谱射线的半值层厚度相同。考虑到宽束射线的散射线影响，宽束连续谱射线穿过被检物体后的射线强度可以表示为

$$I_T = I_D + I_S = (1+n)I_0 e^{-\mu' T} \tag{3-33}$$

式中，I_0 为入射射线强度；I_T 为透射射线强度；I_D 为透射射线中一次射线强度；I_S 为透射射线中散射射线强度；n 为散射比，即 I_S/I_D；T 为待测物体厚度；μ' 为等效波长线衰减系数（cm^{-1}）。

令积累因子 $B = 1+n$，则式（3-33）可以表述为

$$I_T = BI_0 e^{-\mu' T} \tag{3-34}$$

μ' 不仅与入射射线种类、穿过物质种类有关，还与穿过物质厚度 T 有关。随着厚度增加，射线不断硬化，μ' 也会不断减小，相应的半值层厚度会增大。表 3-6 给出了部分恒压连续谱 X 射线的半值层。

表 3-6　部分恒压连续谱 X 射线的半值层

管电压/kV	第一半值层/mm		第二半值层/mm	
	Al	Cu	Al	Cu
100	6.56	0.30	8.05	0.47
200	14.7	1.70	15.5	2.40
250	16.6	2.47	17.3	3.29

4. 射线探测

为使用射线来检测评估被检物质的厚度,必须精确探测穿过物质前后的射线强度,才能根据(等效波长)线衰减系数来确定被检物质的厚度。

在辐射法测厚仪中常用的射线探测器有气体探测器、闪烁体探测器、半导体探测器这三类。

1) 气体探测器

气体探测器利用了射线或次级电子的电离效应,通过气体电离产生的电荷量来评估射线强度。常见的气体探测器有电离室、正比计数器、盖革-米勒(G-M)计数器。

不同气体探测器的结构和测量参数不尽相同,但基本原理是相似的。当射线照射时,带电高能粒子(β射线或次级电子)会与气体分子作用,产生电子和带正电的离子组成的离子对,此时在探测器正负极两端施加高压,电子和离子会分别向正负极移动并被收集,在移动过程中电子可能使得更多气体分子电离,引发雪崩效应,通过对正负极电信号分析可以评估入射射线的强度。

γ射线或X射线虽然不带电,但γ射线或X射线与气体分子或探测器材料作用的光电效应会产生次级电子,次级电子可以使气体分子电离。所以气体探测器基本可以实现所有电离辐射的探测。

2) 闪烁体探测器

闪烁体探测器主要利用某些物质(闪烁体)在射线作用下会受激辐射产生荧光的特性,将荧光光子射到光电倍增管的光阴极上,因光电作用释放的电子经倍增放大后被收集电路接收,从而达到评估入射射线强度的目的。

闪烁体可以将入射射线转换为可见光,常用碘化铯(铊作为激活剂)、硫氧化钆(荧光物质,铽作为激活剂)等材料制成。

闪烁体探测器工作原理:①射线与闪烁体作用,闪烁体吸收能量变成激发态;②闪烁体辐射出荧光光子,重新回到稳态;③荧光光子经光导照射在光电倍增管的光阴极上,产生的光电子经倍增放大形成电信号;④电信号经记录分析,获得入射射线强度的相关信息。

3) 半导体探测器

半导体探测器是采用半导体作为探测介质的固体探测器,常用半导体探测器有P-N结型半导体探测器、锂漂移型半导体探测器和高纯锗半导体探测器。

半导体探测器工作原理与电离室相似,故也称为固体电离室。其原理是射线使半导体电离产生电子-空穴对,电子-空穴对在外电场的作用下漂移而输出信号。由于半导体密度高,且半导体中产生一个电子-空穴对所需的平均电离能比气体所需小一个量级以上,所以半导体中产生的电荷载体数目远大于气体电离室,具有较高的能量分辨率。

5. 辐射法测厚原理

探测器捕获到穿过被检物质的射线后,会输出一个电信号(以电压为例)来表征射线的强度,则射线的衰减规律可用电压信号来表示:

$$V_T = V_0 e^{-\mu' T} \tag{3-35}$$

式中,V_0 为无被测物质时的输出电压;V_T 为被测物质厚度为 T 时输出电压。

V_0 和 V_T 可以通过实际测量得到,在知道 μ' 时即可得到被测物质厚度 T。但对于实际检测时使用的宽束射线,μ' 并不是一个常数,而是与射线有效波长、待测物质的种类、厚度相关的变量,因此需要通过对一组已知厚度的对比试样进行测量,得到厚度与电压值的对应的离散点,通过一定数值拟合方式得到一条曲线,完成标定曲线制作过程。检测时,根据实际测得电压值在标定曲线上查得对应的厚度值。

早期使用的数值拟合方式有最小二乘法和数据插值法,随着计算机技术及算法发展,一些精度更高的曲线拟合模型被提出,如对数线性模型、双指数模型等。

3.2.2　辐射法测厚设备及器材

辐射法测厚仪主要分为同位素测厚仪和 X 射线测厚仪两种。同位素测厚仪使用放射性同位素产生的 β 射线或 γ 射线,具有能产生单色光、能量大、穿透力强、结构简单等特点,但存在信噪比低、能量不可调、放射源不能关闭、辐射防护困难等问题。X 射线测厚仪使用高压射线管产生连续谱射线,具有能量可调、射线可关闭、信噪比高、响应速度快等优点,但存在结构复杂、造价高、不适于厚板检测等缺点。

辐射法测厚设备经过多年发展,结构基本大同小异,主要包括射线发生系统、射线探测系统、数据采集与处理系统、机械及辅助系统等,其系统组成和某品牌 X 射线测厚仪实物如图 3-33 所示。

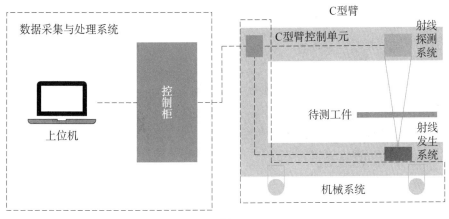

（a）

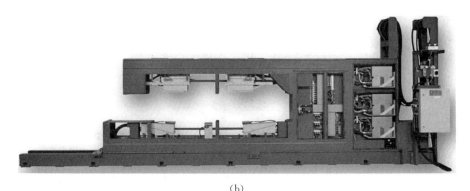

(b)

图 3‑33　辐射法测厚仪系统

(a)辐射法测厚仪系统;(b)德国 IMS Messsysteme GmbH 公司三点式测厚系统实物

1. 射线发生系统

射线发生系统可以采用放射性同位素和 X 射线机两种。

1) 放射性同位素系统

β 射线和 γ 射线是由放射性同位素产生的,常用的 β 射线源有 ^{85}Kr、^{204}Tl、^{90}Sr、^{106}Ru、^{144}Ce、^{137}Cs 等,常用的 γ 射线源有 ^{170}Tu、^{241}Am、^{137}Cs、^{60}Co、^{92}Ir1、^{226}Ra 等。放射源的选择应综合考虑被检对象材质、厚度、测量精度、国家放射性物质管理与防护相关法律法规、成本、半衰期等因素。在满足误差要求前提下,选择尽量小的辐射强度的放射性同位素,以获得系统误差最小、灵敏度最高。

为减少不必要辐射,放射源需放置在铅、钨等重金属制作的密闭源盒内,源盒上设置可开关的窗口,由气动或机械装置控制窗口的开关。

2) X 射线机系统

X 射线机系统主要由高压电源、X 射线管、冷却系统、准直器、快门等部分组成。

(1) X 射线管。X 射线管是产生 X 射线的核心部件,详细内容参见"电网设备材料检测技术"系列图书,本部分不再重复。

(2) 高压电源。高压电源一般为电压值连续可调的恒压稳流源,为 X 射线管提供高压加速电场,产生的 X 射线的强度与电压的平方成正比,因此高压电源的性能直接影响 X 射线的强度和稳定。在测厚过程中主要是测量穿过物质前后的射线强度,为了获得更高测厚精度需要高压电源稳定高效。

为了测量不同厚度的材料,既保证穿过待检物质前后的射线有明显衰减,又不会因衰减后强度过小导致射线探测精度降低,要求高压电源的电压值在一定范围内连续可调。

(3) 冷却系统。X 射线管工作时轰击到阳极靶材上的电子能量大部分转化为了热能,高压电源在工作中也需要冷却,高效的冷却系统是保障设备稳定运行的重要部件,在工业中常用的冷却方式有风冷、水冷和油冷三种。

(4) 准直器。准直器主要是用来限制和调整射线出角,避免出角过大射线在穿过被检物质时衰减过快,同时避免对操作人员造成不必要辐射。

(5) 快门。快门用来在非检测状态下挡住射线,避免操作人员受到不必要辐射,虽然 X 射线机可以通过开关电源来控制射线的通断,但频繁开关电源对高压电源和 X 射线管都会造成损伤,因此快门是必不可少的。

随着 X 射线机技术发展以及对放射源管控越发严格,目前辐射测厚仪以 X 射线测厚仪为主,放射性同位素测厚仪的市场份额较低。

2. 射线探测系统

射线探测系统的核心是射线探测器,常用的射线探测器有气体探测器、闪烁体探测器、半导体探测器三类,各自的探测原理在前面已经进行了简述,此处不再赘述。

在辐射测厚仪发展初期,受限于当时计算机水平和工业制造水平,为了减少测量误差研制了双通道辐射测厚仪,即采用两个射线探测器,单一射线源朝两个不同方向发射射线,分别照射被检工件和标准厚度试样,透过射线分别被两个探测器接收,根据射线强度差值来换算厚度差值。由于标准厚度试样的厚度已知,则可以计算被检工件厚度。20 世纪 80 年代之后,随着计算机技术及工业制造水平发展,单通道射线测厚仪发展迅速,加上计算机对信号的处理和分析,测厚仪检测精度和性价比得到了极大提升。

3. 数据采集与处理系统

数据采集与处理系统以中央计算机(工作站)为载体,配合处理软件、数据采集、传输、反馈、控制系统等,实现测厚仪状态监测、数据传输、相关控制指令下达等功能。

各传感器获得的厚度信息、温度信息、测厚仪状态、报警信息等会实时反馈给中央计算机,经专用软件分析处理,不仅可以获得测厚信息和测厚仪状态相关参数,还可以给下位机反馈控制命令,实现射线源开启/关闭、状态查询、电压电流调节控制,同时还可以控制机械系统、冷却系统等。

不同测厚仪的数据采集和处理系统的功能和定义不同,但均应包含测厚数据显示和处理、曲线标定等功能。

4. 机械及辅助系统

机械及辅助系统主要包括支架、机械运动系统、标准试块箱、温度监测系统、报警和安全监测系统等。

(1) 支架:用于射线发生系统、射线探测系统、数据采集与处理系统及部分辅助系统等的支撑作用。

(2) 机械运动系统:为了测量工件不同位置的厚度,需要机械运动系统实现对工件的扫描式测量,运动时必须保证射线发生系统和射线探测系统相对位置保持一致,同步运动才能保持测厚精度。

（3）标准试块箱:测厚仪系统曲线标定、能量补偿的重要部件,设置有与待测工件相同或相似材质的不同厚度的标准试块,曲线标定时可采用电机驱动装置来选择不同厚度的试块。

（4）温度监测系统:环境温度不同时,待测工件尤其是金属工件因热胀冷缩导致密度发生变化,从而对射线的线吸收系数也会不同,因此,设置温度监测系统,以便在数据处理时进行温度补偿。

（5）报警和安全监测系统:辐射测厚仪以射线为主要检测媒介,为保证人员安全,漏射线检测和报警装置是必不可少的。

第4章 涡流法测厚技术

为了保护电网设备基体材质免受腐蚀和破坏,提高设备本体寿命和使用性能,有些电网金属设备表面需进行涂漆、阳极氧化膜等防腐处理。这些防腐镀层厚度直接关乎设备本体使用寿命和性能,镀层太薄,达不到设备表面防腐处理要求;镀层太厚,不仅造成材料的浪费,还会造成镀层内应力过大,降低镀层附着力,无法满足设备的表面处理要求。因此,需要采用涡流法测厚技术来监督检测非铁磁性导电材料表面涂镀层厚度,确保电网设备安全稳定运行。

4.1 涡流法测厚原理

4.1.1 物理基础

1. 金属导电性

根据材料导电性能,材料可分为导体、绝缘体和半导体等。导体具有良好导电性能,如金、银、铜等;绝缘体的导电性很差,如橡胶、陶瓷、塑料等;半导体的导电性能介于导体和绝缘体之间。

物质由原子组成,而原子由原子核和电子组成。原子核带正电,电子带负电,电子被束缚在原子核周围绕核做旋转运动。在金属物质的原子中,外层电子受原子核的吸引力较小,容易挣脱原子核的吸引成为自由电子。在电场力作用下自由电子会做定向移动形成电流,从而使金属材料具有导电性能。

2. 电流和电阻

导体中的自由电荷在电场力的作用下做有规则的定向运动就形成了电流,电流的强弱可以用电流强度 I 来表示,是指单位时间内通过导体横截面的电量,单位是安培(A)。

电阻是导体本身的一种性质。电阻是导体对电流的阻碍作用,通常用字母 R 表示,电阻 R 的大小与导体长度 l 和电阻率 ρ 成正比,而与横截面积 S 成反比。

$$R = \rho \frac{l}{S} \tag{4-1}$$

根据欧姆定律,若导体两端的电位差为 U,通过导体的电流 I 与电阻 R 的关系为

$$I = \frac{U}{R} \tag{4-2}$$

金属材料电阻率常用 $\mu\Omega \cdot cm$(或 $10^{-8}\ \Omega \cdot m$)表示,电阻率 ρ 的倒数称为电导率 σ,单位是西门子/米(S/m)。

$$\sigma = 1/\rho \tag{4-3}$$

一般来说,电导率常采用国际退火铜标准(IACS)来表示,20℃ 时电阻率为 $1.724\,1 \times 10^{-8}\ \Omega \cdot m$,退火铜的电导率为 100%IACS。

金属材料的电导率 σ 为

$$\sigma = \frac{标准退火铜的电阻率}{金属的电阻率} \times 100\% (\text{IACS}) \tag{4-4}$$

从式(4-4)可以看出,金属的电阻率 ρ 与其电导率 σ 成反比,当金属的电阻率愈小,其电导率就愈大,也表征金属的导电性能愈好。表 4-1 中列出了常用金属材料的电阻率和电导率。

表 4-1　常用金属材料的电阻率和电导率

名称	20℃时的电阻率/ $\mu\Omega \cdot cm$	温度系数 (20℃)	电导率/	
			%IASC	MS/m
铝	2.824	0.003 9	61.05	35.4
黄铜	7	0.002	25	14.3
铜(退火)	1.724 1	0.003 93	100	58.0
金	2.44	0.003 4	70.7	41.0
铁	10	0.005	17	10.0
铅	22	0.003 9	7.8	4.5
镍	7.8	0.006	22	12.8
银	1.59	0.003 8	108	63
锰钢	70	0.001	2.5	1.43
锡	11.5	0.004 2	15	8.7
锌	5.8	0.003 7	30	17.2
钢	18	0.003	9.6	5.6

3. 电磁感应现象

电磁感应现象包括电感生磁和磁感生电两种情况。通电导线周围产生磁场,这是电感生磁的现象。而当穿过闭合导电回路所包围面积的磁通量发生变化时,回路中产生电流,这是磁感生电现象,如图 4-1 所示,回路中所产生的电流叫感应电流。

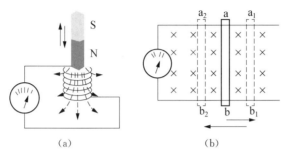

图 4-1　电磁感应现象

(a)磁铁穿过线圈；(b)导线切割磁力线

电磁感应现象中,对于闭合路径的线圈,只要穿过路径围成面积内的磁通量发生变化,就会产生感应电动势;对于路径不闭合的,只要切割磁力线,也会产生感应电动势。感应电动势产生后就会产生感应电流,感应电流的方向可以用楞次定律来确定。在闭合回路中,感应电流所产生的磁场总是阻碍引起感应电流的磁通变化。当导线切割磁力线运行时,感应电动势的方向可用右手定则来确定。

在闭合回路中,当闭合回路所包围面积的磁通量 Φ 发生变化时,回路中就会产生感应电动势 E_i,感应电动势数值的大小就等于所包围面积中的磁通量 Φ 随时间 t 变化的负值,即为法拉第电磁感应定律。

$$E_i = -\frac{\mathrm{d}\Phi}{\mathrm{d}t} \tag{4-5}$$

式中,"-"表示为闭合回路内感应电流所产生的磁场总是阻碍产生感应电流的磁通的变化。

对于绕有 N 匝的线圈(线圈绕得很紧密,且穿过每匝线圈的磁通量 Φ 相同),当闭合回路中的磁通量发生变化时,回路的感应电动势 E_i 则为

$$E_i = -N\frac{\mathrm{d}\Phi}{\mathrm{d}t} = -\frac{\mathrm{d}(N\Phi)}{\mathrm{d}t} \tag{4-6}$$

当长度为 l 的长导线在均匀的磁场中做切割磁力线运动时,该导线中产生的感应电动势为

$$E_i = Blv\sin\alpha \tag{4-7}$$

式中，B 为磁感应强度（T）；l 为导线长度（m）；v 为导线运动的速度（m/s）；α 为导线运动的方向与磁场间的夹角。

4. 自感与互感

1）自感

当线圈通上交变电流 I 时，其所产生的交变磁通量也将会产生感应电动势，这就是自感现象。此时所产生的电动势称为自感电动势 E_L，即

$$E_L = -L\frac{\mathrm{d}I}{\mathrm{d}t} \tag{4-8}$$

式中，L 为自感系数，简称自感（H）；"－"表示当电流 I 增加时，感应电动势 E_L 的方向与电流 I 的方向相反，这样就会阻碍电流的增大；当电流 I 减小时，感应电动势 E_L 的方向与电流 I 的方向相同，阻碍电流的减小。

线圈的自感系数 L 与线圈尺寸、匝数、几何形状及线圈中媒质的分布有关，而与通过线圈的电流 I 无关。

2）互感

当通有电流 I_1 和 I_2 的两个线圈相互接近时，线圈 1 中电流 I_1 所引起的变化磁场在通过线圈 2 时会在线圈 2 中产生感应电动势；而线圈 2 中的电流 I_2 所引起的变化磁场在通过线圈 1 时也会在线圈 1 中产生感应电动势；这种线圈间相互产生感应电动势的现象叫互感现象，所产生的感应电动势也称为互感电动势。当两线圈形状、大小、匝数、相互位置及周围磁介质一定时，两线圈相互产生的感应电动势为

$$E_{21} = -M_{21}\frac{\mathrm{d}I_1}{\mathrm{d}t} \tag{4-9}$$

$$E_{12} = -M_{12}\frac{\mathrm{d}I_2}{\mathrm{d}t} \tag{4-10}$$

式中，M_{21} 为线圈 1 对线圈 2 的互感系数（H）；M_{12} 为线圈 2 对线圈 1 的互感系数（H）；E_{21} 为由线圈 1 引起的感应在线圈 2 中产生的感应电动势；E_{12} 为由线圈 2 引起的感应在线圈 1 中产生的感应电动势。

其中 $M_{21} = M_{12}$，线圈互感现象不仅与线圈的形状、尺寸和周围媒质及材料的磁导率有关，还与线圈间的相互位置有关。

当两个线圈之间产生相互耦合时，它们之间的耦合程度用耦合系数 K 来表示，其大小为

$$K = \frac{M}{\sqrt{L_1 L_2}} \tag{4-11}$$

式中，L_1 为线圈 1 的自感系数；L_2 为线圈 2 的自感系数；M 为线圈 1 与线圈 2 的互感系数。

5. 涡流效应

当导体处在变化的磁场中或相对磁场进行运动时，导体内部就会感应出电流，这些电流在导体内部自成一闭合回路，并呈漩涡状流动，称为涡流。如含圆柱导体芯的螺旋管线圈中通有一交变电流 I 时，圆柱导体内产生的感应电流就是涡流，如图 4-2 所示。

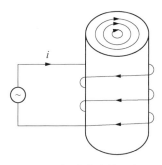

图 4-2　涡流产生的示意图

6. 集肤效应与涡流透入深度

当直流电通过导体时，其横截面上的电流密度是均匀的。当交变电流通过导体时，其截面上的电流分布不均匀，表面的电流密度较大，越往中心处电流密度越小，按负指数规律衰减，尤其是当频率较高时，电流几乎是在导线表面附近的薄层中流动，这种现象称为集肤效应。

涡流透入深度就是指涡流透入导体的距离。一般将涡流密度衰减到其表面值 $1/e$ 时的透入深度定义为标准透入深度（也称集肤深度），它表征着涡流在导体中的集肤程度，用符号 δ 表示，单位是米（m）。

对于半无限大导体中电磁场而言，距离导体表面 x 深度处的涡流密度为

$$I_X = I_0 e^{-\sqrt{\pi f \mu \sigma} x} \tag{4-12}$$

式中，I_0 为半无限大导体表面的涡流密度（A）；f 为交流电流的频率（Hz）；μ 为材料的磁导率（H/m）；σ 为材料的电导率（S/m）。

标准渗入深度（即集肤深度）为

$$\delta = \frac{1}{\sqrt{\pi f \mu \sigma}} \tag{4-13}$$

从式（4-13）中我们可以看出，被测材料的电导率 σ、磁导率 μ 和激励频率 f 与渗透深度呈负相关。如果保持磁导率 μ 和电导率 σ 不变，可以通过调节激励信号角频率 f 对涡流的渗透深度进行改变。随着激励频率 f 的降低，涡流在金属板材上的渗透深度 δ 会增大，所以适度减小线圈的激励频率 f，可以增强涡流的穿透能力，有利于检测厚度较大的板材，但是在降低频率 f 的同时，检测得到的阻抗幅值会降低，检测灵敏度也会随之降低，因此在对厚度进行测量的过程中需要适当地调节线圈的激励频率使其灵敏度和渗透深度 δ 达到最大。

对于非铁磁性材料，当 $\mu \approx u_0 \times 10^{-7}$ H/m，可得其标准透入深度为

$$\delta = \frac{503}{\sqrt{f\sigma}} \tag{4-14}$$

对于退火铜,电导率 $\sigma = 58 \times 10^6$ S/m,当频率 $f = 50$ Hz 时,计算得到其标准渗入深度 $\delta = 0.0093$ m;当频率 $f = 5 \times 10^{10}$ Hz 时,其标准渗入深度 $\delta = 2.9 \times 10^{-7}$ m。

7. 提离效应

变化的电磁场作用在导体附近时导体内产生电涡流。电涡流的大小随着变化电磁场与导体的距离变化而变化,这就是提离效应。提离效应可通过某一条件因素的变化来使得探头阻抗的矢量变化,使其具有固定的一个方向,在同一检测频率下,提离效应所固定的方向与缺陷信号反射的矢量方向具有明显的差异。因此,提离效应在涡流无损检测中有着广泛的应用,常用来测量金属表面镀层或绝缘镀层的厚度。

4.1.2 测厚原理

根据检测对象的不同,涡流测厚分为非导涂镀层厚度测量技术和金属薄板厚度测量技术。本章节重点介绍覆盖层(涂镀层)厚度测量技术,金属薄板厚度测量技术在本节仅做简单介绍。

1. 非导电镀层厚度测量原理

涡流法测厚是利用电涡流测量铝、铜等非磁性基体上的涂镀层厚度的技术,其实质是利用涡流提离效应。通常是使用一组缠绕式线圈作为传感器探头,当线圈通电并靠近非磁性基体后,基体表面会生成反向的感生电涡流,感生电涡流产生二次反向磁场,这个磁场会对原生磁场产生抑制效果,通过待测涂镀层厚度和二次磁场的关系,推算出基体表面的涂镀层厚度,涡流法测厚工作原理如图 4-3 所示。

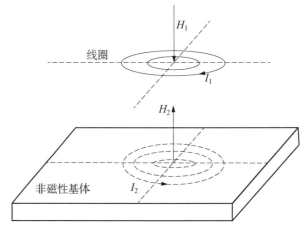

图 4-3 涡流法测厚工作原理

当探头线圈中通过正弦交变的电流 I_1 时,根据电磁效应,在线圈周围会产生正弦交变的磁场 H_1。当探头接触到非磁性金属后,置于该磁场中的基体表面会由涡流效应产生反向的交变电流 I_2,该电流在基体内呈漩涡状自行闭合,也称为电涡流。电涡流 I_2 生成的反向磁场 H_2 总是抑制 H_1 磁场的大小,进一步影响线圈的阻抗等。线圈的阻抗 Z 与探头到待测基体之间距离、待测基体的磁导率、电导率和激励信号的电流与频率有关,相互之间的关系为

$$Z = F(\rho, f, I, \mu, h) \qquad (4-15)$$

式中,ρ 为待测基体电导率;f 为线圈激励频率;h 为探头与待测基体之间距离;I 为线圈激励电流大小;μ 为待测基体磁导率。

涡流法测厚的中心思想是通过阻抗分析法研究探头线圈的阻抗变化,在其他条件保持不变时,可以将线圈受涡流效应影响后的阻抗与待测基体之间距离 h 的关系转化为距离 h 与电压 V 或频率 f 之间的关系。如图 4-4 所示,线圈频率 f 和涂镀层厚度 h 大致呈 S 形非线性曲线,但是在曲线中间可以截取到一段线性关系,根据这一关系可由频率 f 推算出涂镀层厚度 h。

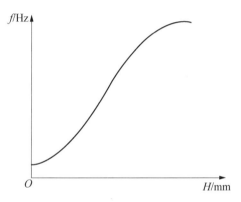

图 4-4 频率和镀层厚度的关系

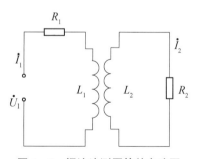

图 4-5 涡流法测厚等效电路图

为获得探头线圈的等效阻抗 Z,把探头线圈与金属基体之间关系看似成一个等效电路,如图 4-5 所示。其中 U_1 为交变电压,R_1、L_1 分别为检测线圈的电阻和电感,R_2、L_2 分别为被测基体的电阻和电感。

根据基尔霍夫定律,可得

$$I_1 R_1 + j\omega I_1 L_1 - j\omega I_2 M = U_1 \qquad (4-16)$$

$$I_2 R_2 + j\omega I_2 L_2 - j\omega I_1 M = 0 \qquad (4-17)$$

其中,M 为检测线圈和金属基体之间的互感系数。可得

$$I_1 = \cfrac{U_1}{R_1 + R_2 \cfrac{\omega^2 M^2}{R_2^2 + \omega^2 L_2^2} + j\left[\omega L_1 - \omega L_2 \cfrac{\omega^2 M^2}{R_2^2 + \omega^2 L_2^2}\right]} \qquad (4-18)$$

等效反射阻抗为

$$Z = \frac{U_1}{I_1} = R_1 + R_2 \frac{\omega^2 M^2}{R_2^2 + \omega^2 L_2^2} + \mathrm{j}\left[\omega L_1 - \omega L_2 \frac{\omega^2 M^2}{R_2^2 + \omega^2 L_2^2}\right] \quad (4-19)$$

其中线圈的等效电阻为

$$R = R_1 + R_2 \frac{\omega^2 M^2}{R_2^2 + \omega^2 L_2^2} \quad (4-20)$$

线圈的等效电感 L 为

$$L = \omega L_1 - \omega L_2 \frac{\omega^2 M^2}{R_2^2 + \omega^2 L_2^2} \quad (4-21)$$

从物理意义来说,当探头检测线圈靠近非铁磁性金属基体时,由于有涡流损耗,使得探头检测线圈的等效电阻增加,通过涡流产生的交变磁通反作用于探头线圈,削弱了探头检测线圈激励所产生的交变磁场,使得探头线圈等效电感减小。

当探头检测线圈与基体之间的距离减小时,探头线圈等效电感减小,探头检测线圈和金属基体之间的互感系数 M 将减小。

通过测量探头线圈在工作时等效反射阻抗 Z,并对线圈等效反射阻抗 Z 随提离距离的变化规律进行分析,从而得到探头线圈与基体的距离,即涂镀层厚度。

2. 金属薄板厚度测量原理

金属薄板厚度测量技术利用涡流检测的集肤效应,可直接用于测量金属薄板的厚度而不涉及表面镀层问题。它与非导电镀层厚度测量有本质区别。其涡流检测频率与透入深度关系密切,当检测频率低时,涡流透入深度大;检测频率高时,涡流透入深度小。

铁磁性材料制金属薄板厚度测量时,由于铁磁性材料基体的磁导率存在不均匀现象,使涡流变化响应大,会导致测量准确度下降。

4.2 涡流法测厚设备及器材

涡流测厚设备与器材包括涡流测厚仪、校准基体及校准试片等。

1. 涡流测厚仪

涡流测厚仪适于测量各种导电体上的非导电体镀层厚度,由主机和探头两部分组成,如图 4-6 所示。

1) 主机

涡流法测厚主机由信号发生模块、信号调理、模数转换器、按键系统、温度补偿、单片机最小系统及显示屏等构成,结构如图 4-7 所示。

图 4-6　涡 流 测 厚 仪

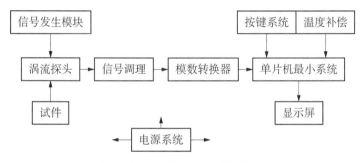

图 4-7　涡流测厚仪主机结构图

（1）信号发生模块。信号发生模块主要激励正弦波信号，驱动测量探头工作。一般来说，信号发生模块主要用振荡电路产生正弦波，其原理如图 4-8 所示。

（2）信号调理。主机的测量芯片对交流信号的有效值进行测量，测量结果通过放大器放大，达到模数转换器检测范围，最后将数据传给单片机进行运算处理。信号调理的主要结构为差动放大电路，其作用是抑制系统存在的零点漂移、放大交流信号，并将交流信号的有效值转化为一个直流信号，如图 4-9 所示。

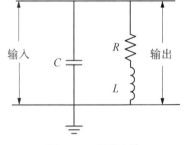

图 4-8　振荡电路

图 4-9　信号调理结构图

（3）模数转换器。模数转换器的动态范围（DR）是根据其有效分辨位数 N 来确定的。模数转换器动态范围代表着模数转换器可测量的输入信号等级范围，其定义如下：

$$DR = 20 \times \lg\left(\frac{i_{max, in} - i_{RMS, in} - i_{amp}}{i_{min, in} - i_{RMS, in} - i_{amp}}\right) \qquad (4-22)$$

式中，$i_{max, in}$ 为输入信号的最大值；$i_{RMS, in}$ 为输入信号的均方根值；$i_{min, in}$ 为输入信号的最小值；i_{amp} 为输入信号的振幅。

由于信号在一定时间内的 $i_{RMS, in}$ 幅值取决于该信号在给定时间内的变化情况，因此输入信号的特性决定了模数转换器的动态范围。对于一个满量程（$i_{FSR, in}$）输入的直流信号，一个理想的 N 位模数转换器可测量最大有效幅值为 $i_{FSR, in}$，最小有效幅值 $i_{FSR, in}/2^N$。因此，模数转换器的动态范围可依据下式计算：

$$DR = 20 \times \lg\left(\frac{i_{FSR, in}}{i_{FSR, in}/2^N}\right) = 6.02N \qquad (4-23)$$

由于正弦信号的幅值随着模数转换器的满量程电压值不同而变化。所以理想的 N 位模数转换器最多测量 $\dfrac{i_{FSR, in}}{2\sqrt{2}}$ 的有效幅值。而正弦输入信号的最小有效可测量幅值并不等于 0。由于最小有效可测幅值被量化误差的限制，所以近似于幅值为半个最低有效位（least significant bit，LSB）的锯齿波。而一个幅值为 D 的锯齿波，其有效值为 $\dfrac{D}{\sqrt{3}}$。因此，一个正弦输入信号的理想动态范围为

$$DR = 20 \times \lg\left(\frac{i_{FSR, in}/2\sqrt{2}}{\left(\dfrac{i_{FSR, in}}{2^{N+1}/\sqrt{3}}\right)}\right) = 6.02N + 1.76 \qquad (4-24)$$

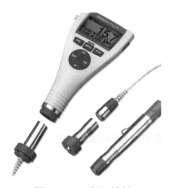

（4）按键系统。按键包括开/关机、设置、修改、数字加减、光标移动和确认键等，其典型部件如图 4-10 所示。

（5）温度补偿。主机线圈的阻抗会随着线圈所处的温度变化而变化，线圈阻抗与温度呈以下关系：

$$R = R_0[1 + \alpha(T - T_0)] \qquad (4-25)$$

式中，R 为当温度为 T 时的电阻；R_0 为温度为 T_0 时的电阻；α 为温度系数。

图 4-10 主机按键

　　线圈的温度变化会通过热胀冷缩的方式引起线圈阻抗的变化,即温度变化会影响激励电流,使激励磁场产生变化并改变涡流检测信号,从而影响最终检测结果。

　　为抵消温度对涡流测厚仪检测结果的影响。可以采用温度补偿的方案,使用高精度的温度检测芯片来检测环境温度,最终通过温度补偿的算法来消除因温度变化所带来的测量误差。

　　(6) 单片机最小系统。单片机最小系统整合外围电路,包括温度补偿模块、按键模块及显示模块等。它将经模数转换器处理后的数字信号按程序进行运算,并将结果显示在显示屏上。

　　(7) 显示屏。显示屏是仪器中重要的人机交互窗口,涡流法测厚信息以及系统的各个参数都需要通过屏幕显示。一般采用低功耗、轻巧、平板型结构的 LCD 显示屏。

　　(8) 电源系统。电源模块对仪器的精度和可靠性会产生较大影响。为确保测量精度,应控制电源的输出电压和电流保持稳定,并采用升压调节器来达到升压变换和稳压功能,确保所需电源质量,降低因电池电压非线性降低给仪器带来的系统误差。

　　2) 探头

　　常见的涡流法测厚仪探头实物和结构如图 4 - 11、图 4 - 12 所示,由一定直径的金属线按一定方式缠绕而成,通交流电时产生交变的磁场,并在导电体中激励产生涡流;同时,探头还具有接收感应电流所产生的感应磁场和将感应磁场转换为交变电流电信号的功能。

图 4 - 11　涡流法测厚探头

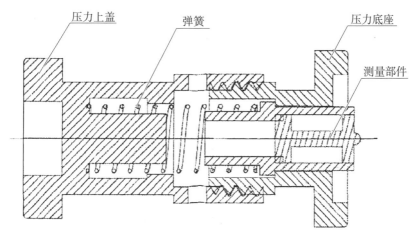

图 4 - 12　涡流法测厚探头结构图

一般探头会安装在套管里以稳定地定位,并保持适当的接触压力。套管前端设计一V形槽,从而保证其在凸面上准确测量,在实际测量时应保持测头轴线与被测面垂直,测头的顶端由硬质材料制成。

涡流法测厚探头种类比较多,有电涡流式测厚探头,也有永磁式测厚探头。电涡流式测厚探头与永磁式测厚探头最大区别是用电涡流元件代替永久磁铁作为磁场激励源。设计涡流测厚探头时,必须要求使用恒定压力装置结构保证探头与基体的接触点压力恒定,触点接触部件保证探头测量部件与基体表面之间的接触为点接触,测量线圈在探头中的固定位置应接近基体表面。

涡流法测厚探头应具备以下功能要求:

(1) 探头同时具备激励和接收信号功能。

(2) 为适应不同的检测对象和检测要求,应根据被检测对象的外形结构、尺寸来设计和制作测厚探头。

(3) 探头激励产生的交变磁场必须稳定,不受干扰。

(4) 当线圈通入交变电流时,探头会产生一部分热能,使探头产生噪声。当激励信号强度过小时,交变磁场的涡流效应不明显,感应磁场信号测量难度较大,因此,探头应减小热能损耗。

(5) 探头设置后应对温度变化反应较小,使之能适用于高温条件下的检测。

2. 校准基体

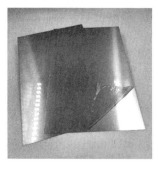

图 4 - 13　校准基体照片

校准基体的材质选择尽可能与实际涡流法测厚工件保持一致,当现场无法进行取样时,应选择同材料或相近的材料制备基体,如图 4 - 13 所示。

(1) 校准基体厚度。校准基体厚度应大于仪器要求的基体最小厚度。

(2) 校准基体上工作面的表面粗糙度。校准基体上工作面的表面粗糙度 Ra 应符合仪器对相应粗糙度的要求,一般表面粗糙度依据相应的仪器有 0.2、0.3、0.4、0.5、0.7 等不同的数值。

(3) 校准基体上工作面的平面度。校准基体上工作面的平面度应符合仪器对相应粗糙度的要求,一般平面度依据相应的仪器有 0.5、0.7、1.0、1.5、2.0 等不同的数值,特别注意的是校准基体上工作面的平面度允许凸不允许凹。

(4) 如果待测试件的金属基体厚度没有超过规定的临界厚度,可采用以下方法进行校准:

① 在与待测试件的金属基体厚度相同的金属标准片上校准。

② 用一足够厚度的,电学性质相似的金属衬垫金属标准片或试件,但必须使基

体金属与衬垫金属之间无间隙。对两面有覆盖层的试件不能采用衬垫法。

③ 如果待测覆盖层的曲率已达到不能在平面上校准,则有覆盖层的标准片的曲率或置于校准箔下的基体金属的曲率,应与试样的曲率相同。

3. 校准标准片

涡流法测厚使用的已知厚度的校准标准片分为两类,分别是标准箔和有覆盖层的标准片。

1) 标准箔

标准箔是指非磁性金属的或非金属的箔或片,用于涡流测厚仪的标准箔一般采用高分子化合物制作成均匀厚度的膜片(见图 4 - 14),用于仪器校准及工艺评价,在实际涡流测厚过程中,应选择厚度与被测覆盖层厚度尽可能相近的标准片校准仪器,且校准标准片厚度的低值与高值所包含的范围应覆盖被测量镀层的厚度变化范围。如果被测量覆盖层厚度变化范围较大,应按上述原则分别选用合适的标准箔校准仪器。

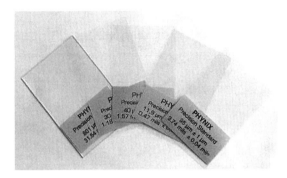

图 4 - 14　标准箔宏观照片

为了避免测量误差,应保证箔与基体紧密接触;如果可能的话,应避免使用具有弹性的箔。此外,标准箔易于形成压痕,必须经常更换。

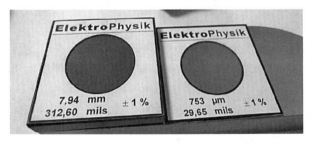

图 4 - 15　有覆盖层的标准片宏观照片

2) 有覆盖层的标准片

有覆盖层的标准片由已知厚度的、厚度均匀且与基体材料牢固结合的非导电覆盖层构成,如图 4 - 15 所示。这类试片的覆盖层与基体结合为一体,因制作难度大,有比较大的局限性。

3) 校准标准片的质量要求

(1) 外观质量:标志完整清晰;工作表面应无明显压痕且不影响校准片使用。

(2) 制作方面:应具有良好的刚性,即探头压在上面不会发生显著的弹性变形;应具有良好的弯曲性能,当用于曲面镀层厚度测量时,应能与被检测对象的弧面基体形成良好的吻合。

(3) 均匀度:校准片的均匀度应符合不同仪器对相应均匀度的要求,对于 $T >$

$50\,\mu m$ 的校准片，其均匀度依据相应的仪器有 $\pm0.003h$、$\pm0.006h$、$\pm0.01h$、$\pm0.02h$、$\pm0.03h$（h 为校准片的实际值）这五个不同的取值；对于 $T\leqslant50\,\mu m$ 的校准片，其均匀度依据相应的仪器有 ±0.15、±0.03、±0.5、±1.0、±1.5 这五个不同的等级。

（4）测量力对校准片的影响：一般要求探头测量力在 $0.3\sim1.5\,N$ 范围内。

（5）使用寿命：在符合使用要求的条件下，探头在校准片的有效范围内，可连续测量次数不应少于 500 次。

4.3 涡流法测厚通用工艺

涡流法测厚主要用于金属基体表面非导电镀层厚度的测量，常用于测量铝合金表面阳极氧化膜或镀层厚度，以及其他金属材料表面绝缘镀层厚度，其通用工艺是根据被测对象、测量要求及相关厚度测量标准要求制定的，主要包括检测前的准备，仪器、探头、校准基体和校准片的选择，仪器设备的调试与校准，测量实施，结果评定，记录与报告等。

1. 检测前的准备

（1）资料收集。根据检测任务要求收集被检工件相关资料信息，如工程名称、检测工件名称、编号、规格、基体材质及生产厂家等，并根据被检工件制造与服役条件来选择检测标准及镀层厚度评判标准。

（2）检测时机。应根据被检工件的制造、安装工序选择合适的检测时机。对于新设备，检测时机一般应选设备安装前；对于在役设备，检测时机应安排在停电检修期。

（3）现场工作条件。检测工作前，检测人员应熟悉现场工作环境：

① 被检工件位置。当被检工件周围结构复杂而影响检测时，应采取必要措施（如拆除遮挡结构）等；涉及高空作业时，作业人员应将安全带系在牢固的杆塔构件上，作业过程中不得失去安全带保护。同时应做好相关措施防止检测器具坠落。

② 工作场所。检测区域内应设置明显的标志，设专人监护，避免交叉作业，同时注意与带电设备应保持足够的安全距离，确保无感应电流。

③ 检测环境。检测现场无扬尘、无水汽等，环境温度以 $-5\sim50$℃为宜，尽量避免在雨雪天气和夜间进行。

（4）被检工件表面处理。采用纱布、无水乙醇等对被检工件表面进行清理，去除被测试件表面上的灰尘、油脂和腐蚀产物等，使被检工件表面光洁，清理时不应损伤镀层。

2. 仪器、探头、校准基体及校准片的选择

（1）仪器。应根据被检工件特性及周围环境选择合适的镀层测厚仪。

（2）探头。应根据工件及镀层参数和测量要求，选择大小、形状和测量范围合适的探头；探头不应对施加的压力变化产生干扰信号。

（3）校准基体。校准基体应具有与被测试件基体金属相似的表面粗糙度与电性能。推荐在被检测试件上不带有镀层的位置校准仪器零点读数和覆盖标准厚度膜片校准仪器相应的读数。

被测试件和校准基体金属厚度应相同。也可以用足够厚的相同金属分别与校准片或被测试件的基体金属叠加，测量盘读数不受基体金属厚度的影响。

如果被测试件的弯曲状态使得无法实施平面方式校准时，则带有镀层的校准片的曲率或放置校准膜片的基体的曲率，应与被测试件的曲率相同。

（4）校准片。可以采用厚度均匀的非导电的膜片作为校准片，也可以采用基体金属以及与基体金属牢固结合的厚度已知且均匀的镀层构成的试样作为校准片。一般可供选择的校准片厚度范围为 $20 \sim 1\,200\,\mu m$。

3. 仪器设备的调试与校准

对长期没有使用过或没有校准过、明显失准、执行了"复位"操作及更换了探头的仪器，应进行校准。校准时应使用随机附带的基体（或无涂层的产品试块）和校准箔片。基体和校准箔片应经过仔细的清洁处理。在校准状态下，每次测量时探头应尽量落到同一区域，手法要轻、稳，出现明显误差时应用删除键将其删除。校准分为单点校准和两点校准。使用者可以根据实际情况或自己的使用经验选择执行单点校准或两点校准。仪器更换探头后必须进行一次两点校准。校准操作应在开机 $1\,min$ 后执行。

（1）单点校准：单点校准就是校准零点，只需要使用基体，是在标准基体试片或者不带镀层基体上进行测量，并将测量结果归零。为准确校准零点，提高测量精度，本步骤可重复进行，以获得基体测量值小于 $1\,\mu m$。

（2）两点校准：根据待测镀层厚度选取两片合适厚度的校准片，先将较薄的校准片置于基体上，测量镀层厚度，将测量结果修正到校准片厚度，重复 3 次，完成第一点校准；然后将较厚的校准片置于基体上，测量镀层厚度，将测量结果修正到校准片厚度，重复 3 次，完成第二点校准。

4. 测量实施

1）测量步骤

（1）按下开关键，仪器自检完毕便可以进行测量操作。

（2）将探头平稳、垂直地放落在被测件上，显示器上便显示出覆盖层的厚度值。然后再抬高探头，重新落下，进行下一次测量。根据要求反复多次测量，从而完成一个测量序列。

（3）每个检测面上选择 3 处测量点，同一处测量点至少测量 3 次及以上，并对测得的局部厚度取平均值,作为最终测量结果。

(4) 在测量过程中,如因探头放置不平稳或探头太脏等原因,显示出明显的错误值,此时应将错误值删除。否则将影响整体测试结果的准确性。

(5) 当探头不能测量或测试数字明显出错时,应检查探头附近有无整流器、变压器、电焊机、硅机等易产生强电磁的设备。

2) 测量注意事项

(1) 在每天使用仪器之前,以及使用中每隔一段时间(如每隔一小时),都应在测量现场对仪器的校准进行一次核对,以确定仪器的准确性。一般只要在基体检查一下仪器零点即可,必要时再用校准箔片检查一下校准点。

(2) 在同一试样上进行多次测量,测量值的波动是正常的,覆盖层局部厚度的差异也会造成测量值的波动。因此,在一个试样上应测量多点,每一点测量多次取平均值作为该点测量值,多个点测量值的平均值作为试样覆盖层厚度检测值。

(3) 应避免在被测试件的弯曲表面上进行测量,如无法避免,必须使用相同的测量参数对其测量结果有效性进行验证。

(4) 应避开不连续的部位进行测量,如靠近边缘、台阶、孔洞和转角等,否则应对测量的有效性加以确认。

(5) 检查基体金属厚度是否超过临界厚度,如果没有超过,应采用衬垫方法,或者保证已经采用与试样相同厚度和相同电学性能的标准片进行过仪器校准。

3) 测厚准确性的影响因素

影响涡流法测厚准确性的因素比较多,主要包括覆盖层厚度、基体金属的电导率、基体金属的厚度、边缘效应、曲率、表面粗糙度、探头与试样表面的接触度、探头压力、探头的垂直度、被测工件的变形和探头温度等内容。

(1) 覆盖层厚度。测量的不确定度是涡流测厚方法固有的特性。对于较薄的覆盖层(小于 $25\,\mu m$),测量不确定度是一恒定值,与覆盖层的厚度无关,每次测量的不确定度至少是 $0.5\,\mu m$。对于厚度大于 $25\,\mu m$ 的较厚覆盖层,测量的不确定度与覆盖层厚度有关,是覆盖层厚度的某一比值。对于厚度小于或等于 $5\,\mu m$ 的覆盖层,厚度值应取几次测量的平均值。对于厚度小于 $3\,\mu m$ 的覆盖层,则不能准确测出覆盖层的厚度值。

(2) 基体金属的电导率。涡流法测厚的测量值会受到基体金属电导率的影响,金属的电导率与材料的成分及热处理有关。电导率对测量的影响随仪器的生产厂和型号的不同有明显差异。

(3) 基体金属的厚度。每台仪器都有一个基体金属的临界厚度值,大于这个厚度,测量值将不受基体金属厚度增加的影响。这一临界厚度值取决于仪器探头系统的工作频率及基体金属的电导率。通常,对于一定的测量频率,基体金属的电导率越高,其临界厚度越小;对于一定的基体金属,测量频率越高,基体金属的临界厚度越小。将基体金属厚度低于临界值的试样与材质相同、厚度相同的无涂层材料叠加使用是不可靠的。

(4) 边缘效应。涡流测厚仪对于被测试样表面的不连续比较敏感。太靠近试样边缘的测量是不可靠的。如果一定要在小面积试样或窄条试样上测量,可将形状相同的无涂层材料作为基体重新校准仪器。当测量面积小于 150 mm² 或试样宽度小于 12 mm 时,应在相应的无涂层材料上重新校准仪器。

(5) 曲率。被测工件曲率的变化会影响测量值。工件曲率越小,对测量值的影响就越大。通常,在弯曲工件上进行测量是不可靠的。当测量直径小于 50 mm 的工件时,应在相同直径的无涂层材料上重新校准仪器。

(6) 表面粗糙度。基体金属和覆盖层的表面粗糙度对测量值有影响。在不同的位置上进行多次测量后取平均值可以减小这一影响。如果基体金属表面粗糙,还应在涂覆前的相应金属材料上的多个位置校准仪器零点。如果没有适合的未涂覆的相同基体金属,则应用不浸蚀基体金属的溶液除去试样上的覆盖层。

(7) 探头与试样表面的接触度。涡流测厚仪的探头必须与试样表面紧密接触,试样表面的灰尘和污物对测量值有影响。因此,测量时要确保探头前端和试样表面的清洁。比如,当对 2 片以上已知精确厚度值的校准箔片进行叠加测量时,测得的数值要大于校准箔片厚度值之和。箔片越厚、越硬,这一偏差就越大。原因是箔片的叠加影响了探头与箔片及箔片之间的紧密接触。

(8) 探头压力。测量时,施加于探头的压力对测量值有影响。因此在测量时要尽量保持施加在探头上的压力稳定。

(9) 探头的垂直度。仪器探头的倾斜放置会改变仪器的响应,因此测量时探头应小心地垂直落下,尽量使得探头与被测位置的表面呈垂直状态,否则探头的任何倾斜或抖动都会使测量出错。

(10) 被测工件的变形。测厚仪探头可能使软的覆盖层或薄的工件变形。在这样的工件上进行可靠的测量可能是做不到的,或者只有使用特殊的探头或夹具才可能进行。

(11) 探头的温度。温度的变化会影响探头参数。因此,应在与使用环境大致相同的温度下校准仪器。测量仪器最好设置温度补偿,以尽量减小温度变化对测量结果的影响。

5. 结果评定

(1) 在测量中,对于相关干扰因素引起测量异常的数据,如提离、边缘、人为因素等,应剔除这些数据。

(2) 对测量数据,应按照相关产品标准及技术条件或者供需双方合同要求的标准来作为验收准则,并依据验收准则对被测部件的测量数据给出合格与否的结论;同时对于产品标准及技术条件或者供需双方合同中未给出验收准则时,检测单位应提供具体的测量数据,可不给出合格与否的结论。

6. 记录与报告

按相关技术标准要求,做好原始检测记录及检测报告编制审批。

4.4 涡流法测厚技术在电网设备中的应用

4.4.1 GIS 筒体漆膜涡流法测厚

图 4‑16 新建变电站工程 GIS 筒体现场照片

GIS 是气体绝缘全封闭组合电器的英文简称,由断路器、隔离开关、接地开关、互感器、避雷器、母线、连接件和出线终端等组成,这些设备或部件全部封闭在金属接地的外壳中,外壳壳体一般由铝合金材质制造,出厂时会在壳体表面喷涂漆膜涂层进行保护。

2020 年 10 月,安徽省某地 500 kV 变电站新建工程进入设备到货安装阶段(见图 4‑16),根据省公司安排及相关文件要求,需对到货的 GIS 终端设备筒体涂层厚度进行监督检测。

1. 检测前的准备工作

(1)资料收集。该变电站是新建工程,其 GIS 母线筒罐体材料为 5A02 防锈铝材料,是导电非磁性材料,壁厚为 8 mm,表面防腐涂层为漆膜。根据 GB/T 4957—2003,采用涡流法测厚技术;根据《电网设备金属材料选用导则第 3 部分:开关设备》(Q/GDW 12016.3—2019)5.1.2.7 规定:"外壳材料为铝合金时,C1~C3 环境及户内站允许外壳不涂覆,涂覆时的涂层厚度应不小于 90 μm,涂层的附着力不小于 5 MPa"。抽检数量为 10 件(由于新到货设备,站内还未给出编号),现场对其依次编号 GIS‑MT‑001~010。

(2)检测时机。该变电站为新建工程,因此,检测时机选择在到货验收阶段。

(3)现场工作条件。该变电站 GIS 设备到货后放置在地面上,不涉及登高,具备开展检测作业条件;检测区域内应设置明显的标志(挂正在检测工作标识),设一工作负责人在现场监护作业,避免交叉作业,同时注意与带电设备应保持足够的安全距离,确保无感应电流;现场无扬尘、无水汽等,天气晴朗,环境温度为 28℃。

2. 仪器、探头、校准基体及校准片的选择

(1) 仪器。由于铝合金无磁性,无法通过磁性测厚仪进行涂层厚度检测,因此,采用涡流测厚仪(ED400 型)。

(2) 探头。涂层的最小厚度值为 90 μm,选用该仪器专用探头,测量范围为 0～500 μm,测量精度为 0.1 μm,测量误差为±2%(涂层厚度值为 50～500 μm)。

(3) 校准基体。选用 5A02 型铝合金或成分相近的铝合金。

(4) 校准片。采用经校准合格且在有效期内的非导电的膜片作为校准片。

3. 仪器校准

校准工作应在检测前及检测完成后进行,校准基体和校准片经过仔细的清洁处理。校准分为单点校准和两点校准,本次测量工作采用两点校准,标准厚度选择 100 μm 和 200 μm,校准完成后采用厚度 150 μm 的标准片复核,复核结果满足设备精度要求。

4. 测量实施

测量前,先使用纱布和无水乙醇除去被测筒体表面上的任何外来物质,如灰尘、油脂和腐蚀产物等,使被测涂层表面均匀、光洁,清理过程中未损伤覆盖层。

(1) 每节筒体至少在端部选择两个截面,每个截面每间隔约 90°测量一点。

(2) 将探头平稳、垂直地落到待测点上,仪器鸣叫声响后,显示出涂层厚度值。

(3) 将相关数据按动统计键进行统计。测量过程中,如存在某个明显错误的测量值,可手动将其删除,不计入统计数据中。

(4) 当发现仪器异常或者厚度测量值异常时,应对仪器进行重新校准,并对校准前所测工件重新检测。

(5) 测量过程中,除做好测量位置和厚度测量值记录外,还应做好包括被测工件的名称、型号、编号、生产厂家、检测部位、基体材质和镀层材质以及检测设备的名称、型号、编号和精度等记录。

(6) 测量完毕后,将仪器、探头及探头线等进行收回,并清理工件表面。

5. 结果评定

本次抽检 GIS 母线筒罐体共 10 件(现场编号 GIS - MT - 001～010),测量结果显示筒体漆膜厚度值为 158～253 μm,符合 Q/GDW 12016.3—2019 的规定,测量合格。

6. 记录与报告

根据检测机构质量控制体系要求,做好原始记录及检测报告的编制、审核、批准及归档等。

4.4.2 断路器接线板表面阳极氧化膜涡流法测厚

图 4‑17　断路器接线板实物图

高压断路器在高压电路中起控制作用,是高压电路中的重要电器元件之一。其主要结构大体分为导流部分、灭弧部分、绝缘部分和操作机构部分。其中导流部分的接线板是连接断路器和其他电网设备的桥梁,其性能和质量对电网的长期安全稳定运行至关重要。通常,断路器接线板(见图 4‑17)由铝合金制成,部分生产厂家出于对强度的考虑选用了 2 系或 7 系的高强铝合金。这两种材料由于有较强的剥层腐蚀倾向,直接裸露在空气中使用存在较大的安全风险。因此,对于这两种铝合金一般会要求进行阳极氧化处理。为了确保阳极氧化的质量符合要求,需要对阳极氧化膜的厚度进行测量。

1. 检测前的准备

(1) 资料收集。收集断路器接线板编号、型号、材质、生产厂家等相关信息,明确抽检断路器接线板编号、部位和数量。

(2) 检测时机。在到货验收阶段进行检测。

(3) 现场勘察。检测人员对现场及环境进行勘察,重点关注以下信息:

① 检测人员核对断路器摆放位置,确认断路器接线板信息无误且不存在影响开展检测作业的因素。

② 检测人员核查料场环境,现场无扬尘、无水汽、照明充足;检验工作区域确保无电气设备产生的强磁场、大电流。

2. 仪器、探头、校准片的选择

(1) 仪器。采用现有的 MiniTest600 型涂层测厚仪,可测最小基体厚度 0.5mm,镀层厚度测量量程范围为 0～2 000μm。

(2) 探头选择。因测量断路器接线板阳极氧化膜层厚度,基体为非铁金属基体,故选择 N 型电涡流探头或 FN 两用型探头,其中 FN 探头可自动识别基体材料,仪器自动切换到正确的金属基体(铁/非铁)模式。

(3) 校准片。该工程断路器接线板基体材质为 2 系铝合金,表面采用阳极氧化处理,根据《铝及铝合金硬质阳极氧化膜规范》(GB/T 19822—2005)相关要求,通常阳极氧化膜层厚度在 40～60μm 之间,选择(50±0.5)μm 的校准片。

3. 仪器校准

测量前及测量完成后,采用两点校准方式进行校准。

（1）零校准。将探头垂直紧贴置于无涂层的校准基体上，"嘀"声后提起探头。如此数次，显示器总是显示先前读数的平均值。按"CLEAR"终止零校准。

（2）标准片（箔）校准。按"CAL"开始用标准片校准，（50±0.5）μm 标准片（箔）置于无涂层基体上，探头垂直紧贴置于校准片上，"嘀"声后提起探头。如显示结果与校准片标注的厚度不一致，用上下箭头键将读数调节至标准片厚度值。按"CAL"键，校准完毕。

4．测量

测量前应先用纱布、清洗剂等对被测工件表面进行清理，除去被测工件表面上的任何外来物质，如灰尘、油脂和腐蚀产物等，检查待检测表面均匀、光洁，清理时不应损伤表面膜层，表面应无剥落、砂眼、起粉等缺陷。

（1）仪器校准合格后，将探头垂直接触被检工件表面并轻压探头，"嘀"声后提起探头，记录屏幕显示的测量值。每个接线板随机选取 5 点测量。

（2）测量操作应满足《非磁性基体金属上非导电覆盖层　覆盖层厚度测量　涡流法》（GB/T 4957—2003）的要求。使探头紧贴被测工件的压力应保持恒定，探头与被测工件表面应始终保持垂直，距边缘、孔洞、内转角不少于 10 mm。测量过程中应做好记录，包括日期、部件名称、测量位置、厚度测量值等。

（3）当发现仪器异常时，应对仪器重新校准，并对上一次校准后检测工件重新检测。

（4）测量完毕后，应将仪器、探头及探头线进行归整，并清理工作现场。

5．结果评定

对断路器接线板表面阳极氧化膜厚度检测，其厚度为 48～52 μm，符合 GB/T 19822—2005 第 6 条规定的"通常的膜层厚度在 40～60 μm 之间"要求，检测合格。

6．记录与报告

根据相关技术标准要求，做好原始记录及检测报告的编制、审批、签发等。

第5章 磁性法测厚技术

　　铁磁性材料制电网设备表面经常采用涂镀层方式进行防腐处理,如铁塔、钢管杆、构支架等设备表面的涂镀锌层,这些镀层厚度直接影响设备本体的使用性能和寿命,镀层太薄,达不到设备表面防腐处理要求,镀层太厚,不仅造成材料的浪费,还会造成镀层内应力过大,降低镀层附着力,无法满足设备的表面处理要求,因此,对铁磁性材料的涂镀层厚度检测显得尤为重要。

5.1　磁性法测厚原理

5.1.1　物理基础

1. 磁现象

图 5-1　磁石吸铁现象

　　生活中常见磁石吸铁现象,磁铁吸引磁性材料的性质叫磁性,吸引磁性材料的物体都叫磁体,如图 5-1 所示。如果将条形磁体(或磁针)的中心用线悬挂起来,以保证它能够在水平面内自由转动,则磁体(或磁针)两端总是分别指向南北方向,通常将磁体(或磁针)指向北端称为北极,用 N 表示,指向南端称为南极,用 S 表示,每个磁体都存在南极(S)和北极(N)。如果将两个磁体相互靠拢,就会发现磁体同性磁极相互排斥,异性磁极相互吸引。这种磁体吸引磁性材料、磁体相互吸引和排斥的表象,称为磁现象。

　　磁现象的本质是物体核外的电子做绕核运动时,形成环绕原子核的电流圈,电流圈产生磁场,原子就具有磁性,物体中的每个原子都是一个小磁体。一般来说,物体内部所有小磁体(原子)排列是杂乱无章的,它们的磁性互相抵消,整个物体不具有磁性。当物体内部小磁体(原子)南、北极排列整齐时,物体的两端就形成南极和北极,物体就具有磁性。物体磁化的过程就是使其内部的原子按一定方向排列的过程。

磁性是物质的基本属性之一,根据材料的磁性,物质可以分为铁磁性材料、顺磁性材料和抗磁性材料。一般来说,将相对磁导率远大于 1 的材料,称为铁磁性材料,如铁、钴、镉及其合金;相对磁导率略大于 1 的材料,称为顺磁性材料,如金属铂(白金)、半导体材料;相对磁导率小于 1 的材料,称为抗磁性材料,如金、银、铜、锌及其合金。磁性法测厚的探头常用铁磁性材料与线圈组合制作而成。

2. 磁场

磁体间的相互作用是通过磁场来实现的。磁场是指具有磁力作用的空间,它是由运动电荷形成的,存在于磁体或通电导体的内部和周围。磁场和电场密不可分,磁场的特征是对运动电荷(或电流)产生作用力,同时磁场的变化也会产生电场。

磁场的大小、方向和分布常用磁力线来表示,如图 5-2 所示。磁力线是虚拟的闭合曲线,曲线上任何一点切线方向与该点磁场方向一致,单位面积的磁力线数量与磁场大小相关。

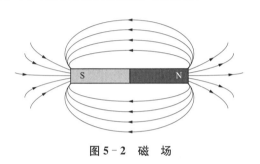

图 5-2 磁 场

磁场中的磁力线具有以下特点:

(1) 磁力线是闭合曲线。磁体外部的磁力线从北极(N)出来,回到磁体的南极(S),再从磁体内部的南极(S)到北极(N),磁体外部的磁力线为曲线,而磁体内部的磁力线为直线。

(2) 任意两条磁力线不相交。

(3) 磁力线上每一点的切线方向都表示该点的磁场方向。

(4) 磁力线的疏密程度表示磁场大小。磁力线越密磁场就越大,磁力线越稀磁场就越小。

3. 磁场的特征

1) 磁通量

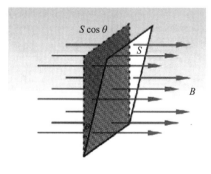

图 5-3 磁通量

在磁场中,通过某一给定曲面的总磁力线称为通过该曲面的磁通量,用 ϕ 表示,单位 $T \cdot m^2$ 或 Wb。在曲面上取面积元 dS,如图 5-3 所示,dS 的法线方向与该点磁感应强度方向之间夹角为 θ,则通过 dS 面积的磁通量为

$$d\phi = B ds \cos \theta \qquad (5-1)$$

即

$$\phi = \int_s d\phi = \int_s B \cdot dS \qquad (5-2)$$

式中，ϕ 为磁通量；B 为磁感应强度；S 为面积。

2）磁场强度

根据安培环路定理，磁场强度只与磁体本身有关，而与磁介质的磁性无关。磁场强度是指磁场中垂直通过单位面积的磁力线条数，用 H 表示，单位为安/米（A/m）。

$$H = \frac{\phi}{S} \tag{5-3}$$

式中，ϕ 为磁通量；S 为面积。

从式（5-3）中可以看出，磁力线越密集，即通过单位面积的磁力线越多，磁场强度就越强，反之，磁力线越稀疏，即通过单位面积的磁力线越少，磁场强度就越弱。磁场中某处磁场强度的方向可以用小磁针来测定。

3）磁感应强度

当磁体处在磁性介质中，磁介质会产生磁化从而具有磁性，这种表象称为磁化现象。如把大头钉放在磁场中，钉子就具有强磁性，能吸附磁粉，这就是磁化引起的。铁磁性物质在磁场中被磁化后，会产生一个与原磁场方向相同的附加磁场，与原磁场相互叠加，从而使磁通量增加。我们把感应磁场与原磁场叠加后的总磁场强度称为磁感应强度，用符号 B 表示，单位为特斯拉（T）。

$$B = \frac{\phi}{S} = \frac{\phi_1}{S} + \frac{\phi_2}{S} \tag{5-4}$$

式中，ϕ_1 为原磁场的磁通量；ϕ_2 为附加磁场的磁通量。

4）磁导率

磁导率是表示材料被磁化的难易程度或导磁能力的强弱，用 μ 表示，单位为特斯拉·米/安（T·m/A）。磁导率越大，表示该材料易磁化，导磁能力强，反之，磁导率越小，表示该材料难磁化，导磁能力弱。

在真空中，磁导率是一个恒量，用 μ_0 表示：

$$\mu_0 = 4\pi \times 10^{-7} \ \text{T·m/A} \tag{5-5}$$

为了比较材料的导磁能力，把任意一种材料的磁导率 μ 与真空磁导率 μ_0 的比值，称为相对磁导率 μ_r。

$$\mu_r = \mu/\mu_0 \tag{5-6}$$

在真空中，相对磁导率 μ_r 等于 1，把相对磁导率 μ_r 远大于 1 的材料，称为铁磁性材料。

5）磁化曲线

磁化曲线是表征磁性材料磁化特点的曲线,如图 5-4 所示。

磁化曲线可以用试验进行测定,图 5-4 是磁性材料的初始磁化曲线,其中 Oa 段是磁性材料初始磁化区,在这个区域,其磁感应强度 B 随着磁场强度 H 的增加缓慢增加,且磁化是可逆的,即磁场强度 H 减小到零时,磁感应强度 B 也会随着曲线缓慢减小到零。ab 段的磁感应强度 B 随着磁场强度 H 的增加急剧增大,且磁化是不可逆,即磁场强度 H 减小到零时,磁感

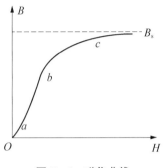

图 5-4　磁化曲线

应强度 B 不再减小到零,会保留一定的剩磁。bc 段磁感应强度 B 随着磁场强度 H 的增加缓慢增加,当磁场强度 H 增加到一定值 H_m 时,磁感应强度 B 不再增加,此时,磁性材料磁化已经达到磁饱和。

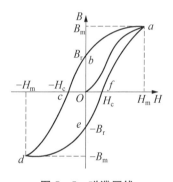

图 5-5　磁滞回线

当磁场强度 H 周期性变化时,磁性材料产生磁滞现象的闭合磁化曲线,称为磁滞回线,如图 5-5 所示。当磁场强度 H 由 0 逐渐增加时,磁感应强度 B 沿曲线 Oa 变化,当磁场强度 H 增加到一定程度(大于 H_m),磁感应强度 B 达到饱和,称为磁饱和现象。当磁场强度 H 由 H_m 逐渐降低时,磁感应强度 B 不是沿 Oa 降低,而是沿 ab 曲线变化。当磁场强度 H 为 0 时,材料内部仍保留一定的磁感应强度 B_r,称为剩磁。为消除材料内部的剩磁需要施加反向磁场强度 H_c,称为矫顽力。

4. 磁场分布

1）圆柱磁体磁场分布

在理想情况下,磁性法测厚探头类似圆柱磁体磁场分布,考虑圆柱磁体是均匀磁化,处在真空磁导率 μ_0 是一个恒量,$\mu_0 = 4\pi \times 10^{-7}$ T·m/A,圆柱磁体磁场分布坐标系如图 5-6 所示,按麦克斯韦方程组与等效磁荷理论,空间任一点 $P(\rho,\ \phi,\ h)$ 的磁场强度为

$$H = \frac{M}{4\pi} \oiint_{S+} \frac{(\rho - x)i + yj + (h - z)k}{\sqrt{(\rho - x)^2 + y^2 + (h - z)^2}} \mathrm{d}S$$

$$- \frac{M}{4\pi} \oiint_{S-} \frac{(\rho - x)i + yj + (h - z)k}{\sqrt{(\rho - x)^2 + y^2 + (h - z)^2}} \mathrm{d}S$$

$$(5-7)$$

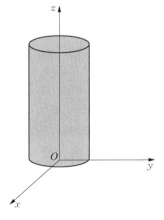

图 5-6　圆柱磁体磁场
分布坐标系

式中，M 为磁化强度；i，j，k 为介常数；$S+$、$S-$ 为圆柱磁体上下表面。

根据式(5-7)能计算圆柱磁体空间场内任意点的磁场强度，从而获得圆柱磁体磁场强度与表面距离的关系。图 5-7 所示为圆柱磁体磁场空间沿 Z 轴方向的磁场强度与表面距离的关系，图 5-8 所示为圆柱磁体磁场空间沿 Z 轴方向的磁感应强度与表面距离的关系。

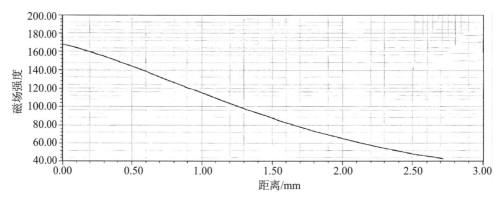

图 5-7　圆柱磁体磁场空间 Z 轴方向磁场强度随表面距离的变化

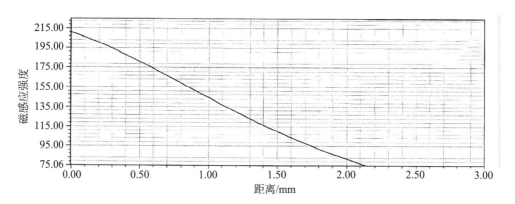

图 5-8　圆柱磁体磁场空间 Z 轴方向磁感应强度随表面距离的变化

从图 5-7、图 5-8 中可以看出，圆柱磁体磁场空间的磁场强度和磁感应强度随着表面距离增加而逐渐减小。

2）与铁基材料组合磁场分布

在实际磁性法镀层检测中，需要考虑被检铁基工件磁化以及工件表面镀层厚度对磁场分布的影响。图 5-9 所示为与铁基材料组合磁场空间沿 Z 轴方向的磁场强度与表面距离的关系，图 5-10 所示为与铁基材料组合磁场空间沿 Z 轴方向的磁场感应强度与表面距离的关系。

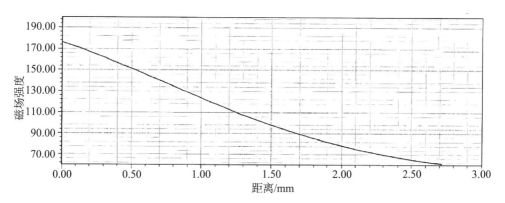

图 5‑9　组合磁场空间沿 Z 轴方向的磁场强度随表面距离的变化

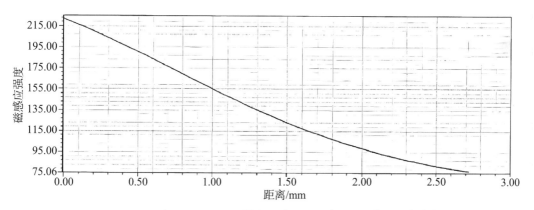

图 5‑10　组合磁场空间沿 Z 轴方向的磁场感应强度随表面距离的变化

与铁基材料组合磁场分布与理想圆柱磁体磁场分布相类似,实际镀层厚度检测时,还需考虑工件表面存在不同厚度的镀层,其组合磁场强度和磁感应强度分布分别如图 5‑11、图 5‑12 所示。

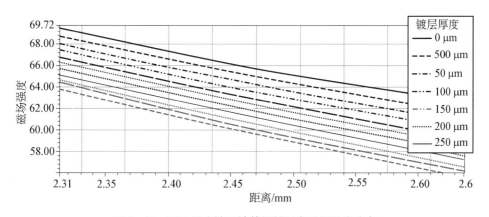

图 5‑11　不同厚度镀层铁基材料组合磁场强度分布

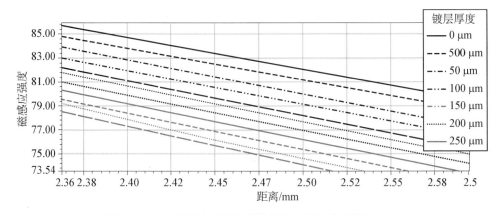

图 5－12　不同厚度镀层铁基材料组合磁场感应强度分布

检测探头与铁基材料轴线上磁场强度和磁感应强度会随着距离的增加而减小，两者之间轴线的磁场强度和磁感应强度可以表示为两者距离 l 的函数，即

$$H = F(l) \tag{5-8}$$

$$B = G(l) \tag{5-9}$$

且函数 $F(l)$ 与函数 $G(l)$ 是单调递减的，故函数 $F(l)$ 与函数 $G(l)$ 的反函数是存在的，即

$$l = F^{-1}(H) \tag{5-10}$$

$$l = G^{-1}(B) \tag{5-11}$$

通过测量两者之间的磁场强度或磁感应强度的大小，即可测量铁基材料表面镀层厚度。

5.1.2　测厚原理

根据所使用探测头的不同，磁性法测厚技术可分为磁吸力测厚技术和磁感应测厚技术，因此，其测厚原理也不同。

1. 磁吸力测厚技术的测厚原理

磁吸力测厚技术就是测量探头与磁性基体之间的吸力大小，从而获得两者之间的距离，也就是基体表面镀层厚度。

电网设备常采用结构钢和热轧、冷轧冲压成型钢板，如铁塔塔材、接地扁铁等，其表面常用镀锌层来进行防腐处理。这些设备基体钢材与锌层的磁导率相差较大，磁性法镀层测厚仪的探头与基体钢材之间的磁吸力大小与镀层厚度成一定比例关系，利用这一原理制作磁吸力镀层测厚仪。

磁吸力镀层测厚仪测量原理如图 5－13 所示。被测工件由铁磁性基体和镀层构成,其余部分是机械式磁法测厚装置,也称探头。探头的核心元件是中间的永久磁体,一般采用钕铁硼强磁材料制作。测量时探头与被测工件接触,由于磁性基体和探头内永久磁体的磁吸力作用,永久磁体将克服弹簧的弹力向下移动,位移的大小取决于镀层的厚度。镀层薄,磁引力大,永久磁体的位移就大;镀层厚,磁引力小,永久磁体的位移就小。由于磁吸力的大小不仅取决于永久磁体与铁磁性基体之间的距离,还与基体材料的磁导率有关,因此,永久磁体的位移并不直接代表镀层的厚度,而是两者之间存在一种对应关系,这种对应关系随基体材料的磁性不同有所差异,因此需要采用标准厚度膜片进行仪器校准。

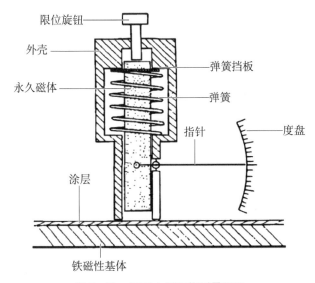

图 5 - 13　磁吸力测厚仪测量原理

在弹性限度范围内,探头里的弹簧遵循物理学中的胡克定律,即

$$F = ax \tag{5-12}$$

式中,F 为弹簧所受到的拉力,在这里为磁吸力;x 为永久磁体的位移;a 为弹簧的倔强系数。

永久磁体移动带动指针产生偏转,指针在度盘上指示读出镀层厚度值。图 5 - 13 中的弹簧挡板用于零点调整,限位旋钮用于满刻度时对永久磁体限位。

磁吸力镀层测厚仪的特点是操作简便、坚固耐用、不用电源,测量前无须校准,价格也较低,很适合车间或实验室做现场质量控制。

2. 磁感应测厚技术的测厚原理

磁感应测厚技术就是利用探头(绕有感应线圈)经过非铁磁镀层而流入导磁基体

的磁通大小来测定镀层厚度,镀层愈厚,磁通愈小。

磁感应测厚原理如图 5-14 所示。核心部件是带磁芯的电感线圈,线圈上加有低频交流信号,信号在电感线圈内产生磁通,磁通穿过磁芯和被测物体的基体形成磁回路。当镀层厚度不同时,磁回路的磁阻将不同。镀层厚度较薄时,回路的磁阻小;镀层厚度较厚时,回路的磁阻大。磁阻的变化导致了电感线圈的电感量和阻抗的变化。在信号源和内阻 R 不变的情况下,电感两端的电压将随镀层厚度的变化而变化,利用感应电压可表征镀层厚度。将感应电压送至二极管 D 检波和电容器 C 滤波后,经标度变换,送至电压表或数码显示电路,显示出镀层厚度值。

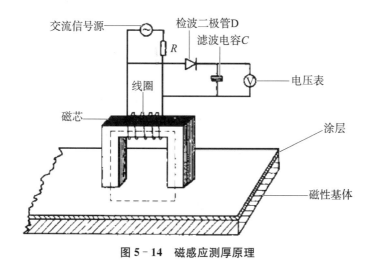

图 5-14 磁感应测厚原理

磁性法测厚非常适用于磁性金属基体上非磁性镀层或化学保护层的厚度测量,国内已有相关标准要求,如《磁性基体上非磁性覆盖层 覆盖层厚度测量 磁性法》(GB/T 4956—2003)。该方法的主要测量对象为磁性金属基体上的油漆、搪瓷防护层、防腐镀层、涂料、粉末喷涂、塑料、橡胶、合成材料、磷化层和各种有色金属电镀层等。

5.2 磁性法测厚设备及器材

磁性法厚度测量设备和器材主要包括主机设备、探头、校准片和校准基体等。

5.2.1 主机设备

电网设备现场常用的磁性法厚度测量仪器如图 5-15 所示。

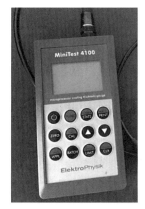

图 5‑15　磁性法测厚仪

磁性法厚度测量仪的主体设备是主机,其作用是通过向磁性法探头输入交流电信号在工件上激励磁场,同时将探头接收到的磁力或磁阻信息反馈并转换的电信号,经过内嵌单片机及软件计算处理,以厚度数值方式显示出来,从而得到被检工件表面镀层厚度。

主机主要由单片机、控制电路、系统软件、LCD 显示器、按键、电源这六大部分组成,如图 5‑16 所示。有的测厚仪探头内嵌到主机里,属于一体化结构设计,但同时也存在无法根据被检测工件更换探头等缺点。

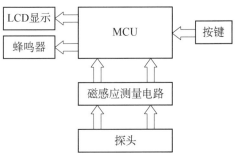

图 5‑16　磁性法厚度测量仪主机

(1) 单片机(MCU)。单片机又称为单片微型计算机,是磁性法测厚仪器的核心,它与仪器内存、USB、测量电路、A/D 转换、显示单位等周边接口相连接,承担仪器的测量、运算及显示等控制功能。

(2) 控制电路。控制电路主要由振荡电路、磁测量电路、复位电路、实时时钟电路、A/D 转换电路等组成。

振荡电路:主要功能是产生一个正弦波信号,给测量探头提供激励原边信号。

磁测量电路:主要功能是感应原边信号的正弦波,并将正弦波整流成稳定的滞留信号输入到主控芯片模拟数字转换器(analog to digital converter,ADC)进行采样,如图 5‑17 所示。当靠近磁性材料时测量探头电感线圈的磁通量会发生变化,导致感应到的正弦波信号幅值随之改变,进而使调制输入到主控芯片 ADC 的直流电压发生改变,通过这一变化得到材料表面镀层厚度值。

图 5‑17 磁测量电路

复位电路:主要作用是确保磁性法测厚仪器单片机(MCU)电路稳定可靠工作。复位电路的第一功能是上电复位。

实时时钟电路:主要负责为仪器系统提供精确的时间基准,一般采用精度较高的晶振作为时钟源,其时间误差主要来源于晶振的频率误差,晶振的频率误差主要是温度变化引起的,把温度对晶振谐振频率所产生的误差进行有效的补偿,就可以提高实时时钟电路精度。

A/D 转换电路:主要功能是将模拟信号转换成数字信号的电路,又称为模数转换器,简称 A/D 转换器或 ADC。

(3) 系统软件。软件是磁性法测厚仪的核心,每款磁性法测厚仪的软件程序有一定区别,基本包括硬件驱动程序、算法程序以及交互应用程序等,如图 5‑18 所示。

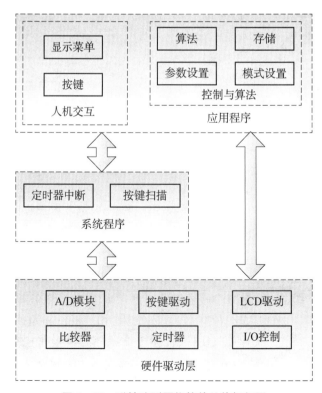

图 5‑18 磁性法测厚仪软件总体框架图

硬件驱动程序,主要包括 I/O 控制驱动、A/D 模块驱动、按键驱动、显示驱动等。I/O 控制驱动实现输入与输出控制,以及自检状态检测与电源开关控制等功能;A/D 模块驱动实现模数转换器的控制功能;按键驱动实现按键单击、连击、中断等功能;显示驱动实现显示屏的初始化、信息显示等功能。

算法程序,经过对采集输入检测信息进行运算和处理获得准确镀层厚度值,包括仪器校准、检测和自适应等。

交互应用程序,以人机交互为核心,包括菜单设置、测量数据存储、计算与显示等。

系统程序是仪器核心组成,它直接关乎仪器测量数据的可靠性。当仪器开机后,仪器便开始工作,单片机首先需要执行仪器初始化,其目的是为仪器各模块配置相应参数。仪器完成初始化后,需对测量探头的基础电压进行检测,与设定的预设值进行比较。如果基础电压与预设值的差值较大,则直接向仪器发送错误代码以及检测到的基础电压值。当基础电压在预设范围内时,发送信号给仪器,仪器进入等待测量指令。

仪器接收到测量指令后,开始采集测量探头的反馈信息,单片机按 A/D 数据处理程序,对反馈信息进行数字化平稳处理,获得相应磁感应强度值或磁通量值。按内置算法进行拟合运算,获得测量镀层厚度值,在运算过程中会对镀层厚度值用插值或原厂校准曲线进行修正或补偿,得到最终精确镀层厚度值,将得到的镀层厚度值发送显示程序进行数据显示。有些仪器可以设置报警阈值,当镀层厚度值超过这个阈值时,会以声光响应发送报警信号。

(4) LCD 显示器。磁性法测厚仪器比较小巧,一般采用低功耗、轻巧、平板型结构的 LCD 显示屏,通过 CMOS 技术控制芯片的 LCD 驱动引脚进行驱动,十分方便,且 LCD 显示屏具有背光功能,对周围环境光线适应性比较强。

仪器显示界面比较少,主要包括基本测量界面,单位转换界面,翻转显示界面,多点校准界面,单点校准界面,历史记录界面,最大值界面,最小值界面和平均值界面等。

(5) 按键。磁性法测厚仪器用户操作面板十分简单,功能按键比较少,一般采用独立式按键,主要包括开/关机、复位、零点校准、测量、记录和删除等。有些测厚仪器为了增加户体验感,会采用蜂鸣器作为测量提示。

(6) 电源。电源模块是磁性法测厚仪的重要组成部分,它直接影响仪器的精度和可靠性。对于电网设备现场常用的磁性法测厚仪,一般直接采用 2~3 节电池组供电,需要采用升压调节器来达到升压变换和稳压功能,确保所需电源质量,消除因电池电压变化给仪器带来的系统误差。

5.2.2 探头

前述章节讲过,磁性法厚度测量技术有两种,分别是采用磁吸力测厚技术和磁感应测厚技术。目前,市场上磁性法测厚仪普遍采用磁感应法测厚技术,因此本章节主要介绍磁感应测量探头。

磁感应测量探头采用电感式探头的测量原理,需要两个电感线圈,分别缠绕在一个具有两个凹槽的骨架上,形成独立激磁和测量同心线圈,内部嵌有高强磁磁体。

缠绕线圈的漆包线直径 d 可根据线圈电流大小进行选择:

$$d = 1.13\sqrt{\frac{I}{J}} \tag{5-13}$$

式中,I 为电流强度;J 为电流密度。

线圈匝数可根据线圈窗口面积 S_N、导线直径 d 和线圈匝数 N 间的关系进行选取。

$$N = \frac{4S_N K_N}{\pi d^2} \tag{5-14}$$

式中,K_N 为填充系数,一般取 $0.4 \sim 0.7$。

实际上,激磁线圈的匝数常为 1 000 匝,测量线圈的匝数常是激磁线圈匝数的 3 倍,这是因为增大测量线圈的匝数可以增大输出电压值,提高灵敏度,但又不能无限增加,因为测量线圈匝数过大,传感器的零残电压也要增大,因此选择测量线圈的匝数为 1 000 匝。另外,由于绕制时在骨架两端各有 5% 不绕线,所以骨架长度的有效值是整个长度的 0.9 倍。

1) 激励电压

探头的激励电压直接关乎探头的灵敏度,在适当范围内应尽量增加电压大小,提高探头灵敏度,同时激励电压受到线圈发热、磁路饱和等因素的限制。激励电源大小为

$$V = I\sqrt{R^2 + (\omega L)^2} \tag{5-15}$$

式中,R 为线圈电阻;L 为线圈电感;I 为电流。

线圈电阻 R 会消耗功率并转化为热量,消耗功率 $P = I^2 R$,每瓦功率需要一定的散热面积散发热量,以免温度过高影响探头测量精度。一般每瓦所需的散热面积 $a_0 = (8 \sim 14) \times 10^{-4} \text{ m}^2/\text{W}$。线圈的外表面积为

$$A_0 \geqslant Pa_0 = I^2 R a_0 \tag{5-16}$$

由此可得出线圈电流 I 为

$$I \leqslant \sqrt{\frac{A_0}{R a_0}} \qquad (5-17)$$

同时,线圈的电流密度 J 也有限制,一般允许值为 $J = (2.5 \sim 3) \times 10^6 \, \text{A/m}^2$,因此,激励电压大小的取值范围必须满足

$$V \leqslant \frac{\pi}{4} d^2 J \sqrt{R^2 + (\omega L)^2} \qquad (5-18)$$

由于线圈通入交流电后内嵌高强磁磁体被磁化,为系统带来非线性误差,为了降低该误差,应防止电压过大造成磁化饱和。磁路的磁通为

$$\Phi = I N / R_{\text{m}} \qquad (5-19)$$

式中,R_{m} 为磁路磁阻。

当磁通密度大小达到磁化曲线饱和点磁感应强度值 B_{c}(一般小于 0.5 T)时,激励电压为

$$V = \frac{2 B_{\text{c}} S R \sqrt{R^2 + (\omega L)^2}}{N} \qquad (5-20)$$

一般来说,磁性法测厚探头的激励电压根据式(5-20)的要求进行选择。

2) 激励频率

磁性法测厚属于电磁检测,一般检测频率低于 1 000 Hz,其主要影响因素是铁磁材料的磁导率等磁参数,同时还需考虑电磁理论的集肤效应。集肤深度 σ 是指铁磁材料中电磁波强度减小为表面强度 $1/e$ 倍时的深度($e = 2.7183$ 为自然常数):

$$\sigma = \sqrt{\frac{\rho}{\pi f \mu}} \qquad (5-21)$$

式中,ρ 为电阻率;μ 为相对磁导率;f 为频率。

由式(5-21)可知,铁磁材料的磁导率越高、电阻率越低,则集肤深度就越浅;而频率越高,集肤深度也越浅。磁性法测厚探头激励频率存在一个使用临界频率 f_{c},当工作频率超过该频率时,功率损耗很大,因此磁性法测厚探头激励频率需满足

$$f \leqslant f_{\text{c}} = \frac{6 \rho}{\pi \mu d^2} \qquad (5-22)$$

一般来说,磁性法测厚探头的激励频率选择 400 Hz 左右。

5.2.3 校准片

磁性法测厚属于无损检测,也需要配置一些校准用的校准片,这些校准片必须按照相关标准规定的技术条件进行加工制作,一般采用高分子化合物制作成均匀厚度的膜片,如图 5-19 所示。

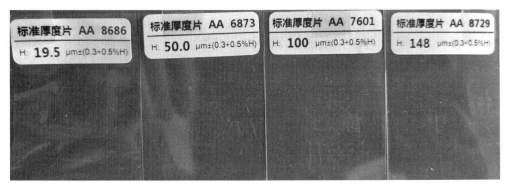

图 5-19 校 准 片

按照《磁性和涡流式覆层厚度测量仪》(JB/T 8393—1996)标准要求,校准片一般按照图 5-20 所示进行标注。

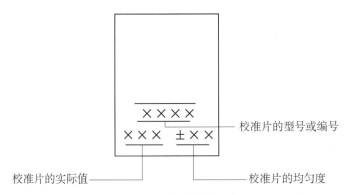

图 5-20 校 准 片 标 注

在实际磁性法测厚过程中,应选择厚度与被测镀层厚度尽可能相近的校准片对仪器进行校准,且校准片厚度的低值与高值所包含的范围应覆盖被测量镀层的厚度变化范围。如果被测量镀层厚度变化范围较大,应按上述原则分别选用合适的校准片校准仪器。

5.2.4　校准基体

校准基体是具有一定厚度,且工作面为平面的铁磁性材料制工件,如图 5 - 21 所示。校准基体选择尽可能与实际磁性法测厚工件保持一致,当现场无法进行取样时,应选择同材料制工件。校准基体厚度的选择与仪器有关,每款磁性法测厚仪器对校准基体都有一个最小厚度值,校准基体厚度必须大于仪器要求的基体最小厚度。

图 5 - 21　校准基体

5.2.5　测厚设备及器材的运维管理

检测设备及器材的运维管理包括对磁性法厚度测量仪进行校准和核查、检查,以及检测、检查时的仪器设备使用注意事项。

1. 校准和核查、检查

校准和核查:磁性法厚度测量仪每年定期送到有资格的法定计量机构或授权计量检定机构进行检定。

检查:每次检测前应检查仪器设备及器材的外观、线缆连接和开机信号等情况是否正常。

2. 仪器使用注意事项

(1) 测量前,仪器必须进行校准,待测量工件表面镀层厚度尽可能在校准范围内;测量中探头必须放置稳定,使用力气不能过大,速度也不能太快,否则会引起较大测量误差,且探头千万不要在被测表面划来划去,以免损坏探头;每次测量完成后务必使探头提起至距离工件 10 cm 以上,方可进行下一次测量。

(2) 每个位置需测量 5 次,并计算其平均值,个别偏差较大的值应删除,以平均值和最小值进行评价。

(3) 镀层没有干时不能进行测量,一旦发生这种情况,会导致探头沾上油漆或其他镀层附着物,大大降低探头的灵敏度和使用寿命,甚至会导致测厚仪探头直接报废。

(4) 不要将仪器放置在潮湿或靠近辐射体、强磁场和热源的地方。

(5) 要保护仪器校准试片和基体完整性。

(6) 每次使用完毕需将连接仪器的探头线拔出,与仪器一起妥善保管。

(7) 仪器长时间不用,应将电池取出,防止损坏。

5.3　磁性法测厚通用工艺

磁性法镀层厚度测量主要用于铁磁性基体表面非磁性镀层厚度的测量,包括非导电的非磁性镀层和导电的非磁性镀层。镀层厚度测量通用工艺主要包括检测前的准备,仪器、探头、校准片的选择,仪器的校准,测量实施,结果评定,记录和报告等。

1. 检测前的准备

(1) 资料收集。收集被检工件名称、编号、规格、基体材质及生产厂家等相关信息,根据被检工件制造与服役条件选择检测标准及镀层厚度评判标准。

(2) 检测时机。应根据被检工件的制造、安装工序选择合适的检测时机。磁性法测厚一般应选在现场设备安装前进行。

(3) 现场勘察。检测人员对施工现场及环境进行勘察,重点关注以下信息。

① 被检工件位置。当被检工件周围结构复杂,影响检测时,应采取必要措施,如拆除部分遮挡结构等;当被检工件位于高空时,应协调必要的登高设备及安全设备。

② 工作场所。现场无扬尘、无水汽、照明充足;检验工作区域应确保停电,相应间隔应设置明显的隔离标志,与带电设备应保持足够的安全距离。

③ 检测环境。磁性法测厚应在$-5\sim50$℃、无雨雪天气下进行。

(4) 安全工具。安全工具包括安全帽、工具袋,高处作业时,还应根据现场条件准备梯子或搭设脚手架,携带安全绳。

2. 仪器、探头、校准片的选择

(1) 仪器。应根据被检工件特性及周围环境选择合适的镀层测厚仪。当被检工件周围存在强磁场时,应选择交变磁场的磁阻型测厚仪。

(2) 探头。应根据工件及镀层参数和测量要求,选择大小、形状和测量范围合适的探头;探头不应对施加的压力变化产生干扰信号。

(3) 校准片。可以采用厚度均匀的非导电的膜片作为校准片,也可以采用基体金属以及与基体金属牢固结合的厚度已知且均匀的镀层构成的试样作为校准片。

校准片的基体金属应具有与被测试件基体金属相似的表面粗糙度与磁性能。推荐在被检测试件上不带有镀层的位置校准仪器零点读数和覆盖标准厚度膜片校准仪器相应的读数。

对于基体金属磁性存在明显方向性的被测对象,应将探头再旋转90°来核对仪器的校准。

被测试件和校准片两者的基体金属厚度应相同。也可以用足够厚的相同金属分别与校准片或被测试件的基体金属叠加,测量盘读数不受基体金属厚度的影响。

如果被测试件的弯曲状态使得无法实施平面方式校准时,则带有镀层的校准片的曲率或放置校准膜片的基体的曲率,应与被测试件的曲率相同。

3. 仪器的校准

在使用前,每款仪器应按标准要求选用校准片进行校准,确保仪器使用状态及检测工艺质量在可控范围内。对于不能校准的仪器,其与名义值的偏差应通过与校准片比较来确定,而且所有的测量都要将这个偏差考虑进去。校准一般采用零点校准和两点校准。

(1) 零点校准。零点校准也叫铁基校准,是在标准基体试片或者带镀层基体上进行测量,并将测量结果归零。为准确校准零点,提高测量精度,本步骤可重复进行,以获得基体测量值小于 $1\,\mu m$。

(2) 两点校准。根据待测镀层厚度选取两片合适厚度的校准片,先将较薄的校准片置于基体上,测量镀层厚度,将测量结果修正到校准片厚度,重复 3 次,完成第一点校准;然后将较厚的校准片置于基体上,测量镀层厚度,将测量结果修正到校准片厚度,重复 3 次,完成第二点校准。

仪器在使用前或者在使用期间,每隔一段时间应进行校准。

4. 测量实施

在正式测量前,用纱布、清洗剂等对被检工件表面进行清理,除去被检工件表面上的任何外来物质,如灰尘、油脂和腐蚀产物等,使检测表面镀层均匀、光洁,清理时不应损伤镀层。

1) 测量步骤

(1) 选择散布于被测工件主要表面上的 3~5 个参比面,在每个参比面上均进行 1 次以上测量,同一个测量部件应测 5 个点以上,并对各自测得的局部厚度取平均值,作为最终测量结果。

(2) 在测量过程中,当发现异常时应对测厚仪重新校准,并对前面的测量重新进行。测量过程中应做好记录,包括日期、部件名称、测量位置、测量数据等。

(3) 测量完毕,应将仪器、探头及探头线进行归整,并清理工作现场。

2) 注意事项

为保证测量结果准确、可靠,在工件表面镀层厚度测量过程中,必须注意以下事项:

(1) 测厚仪经过校验且合格,参比面的选取具有代表性,能代表部件覆层厚度最小的状况。

(2) 应避开不连续的部位进行测量,如靠近边缘、台阶、孔洞和转角等,否则应对测量有效性加以确认。

(3) 应避免在被测试件的弯曲表面上进行测量,如无法避免,必须使用相同的测量参数对其测量结果有效性进行验证。

(4) 应根据被检测对象的大小、镀层厚度的均匀性及检测要求确定测量点数,至少应在被检测区域的边角和中间位置选择 5 点进行测量。对于厚度不均匀镀层的测量,应增大测量取点的密度。

(5) 如果被测试件的加工方向明显影响测量结果,应使探头在试件上测量时的方向与在校准时所取的方向一致。如果不能做到这样,则在同一测量面内将测头每旋转 90°增加一次测量。

(6)使用固定磁场的双极式仪器测量时,如果基体金属存在剩磁,必须在互为 180°的两个方向上进行测量。为了获得可靠结果,在条件允许时应消除被测试件的剩磁。

(7)在测量过程中测量探头压力和放置速度应保持一致,并在测量探头轴线平行于被测量点所在平面或曲面的法线下读取数据。

3)影响测厚准确性的因素

磁性法测厚是一种精密厚度测量技术,影响测厚准确性的因素比较多,主要包括仪器性能、覆盖层厚度、基体金属的磁性、基体金属的电性质、基体金属厚度、边缘效应、曲率、表面粗糙度、基体金属机械加工方向、剩磁、环境磁场、附着物质、覆盖层的导电性、探头压力和探头取向等。

(1)仪器性能。不同厂家、不同品牌仪器的使用范围、校准、测量程序等技术要求存在不同,在使用前必须先仔细阅读仪器的使用说明书,避免操作不当而造成测量误差。

(2)覆盖层的厚度。测量准确度随覆盖层厚度的变化情况取决于仪器的设计。对于薄的覆盖层,其测量准确度与覆盖层的厚度无关,为一常数;对于厚的覆盖层,其测量准确度等于某一近似恒定的分数与厚度的乘积。

(3)基体金属的磁性。基体金属磁性的变化能影响磁性法厚度的测量。在实际应用中,低碳钢磁性的变化可以认为是轻微的。为了避免各不相同的或局部的热处理和冷加工的影响,仪器应采用性质与试样基体金属相同的金属校准标准片进行校准;可能的话,最好采用待镀覆的零件作标样进行仪器校准。

(4)基体金属电性质。由于电与磁密不可分,基体金属电性质(电导率)会影响磁性法测厚准确性,同时基体金属的电导率与其材料成分及热处理方法有关,在实际测厚时,应使用与工件基体金属具有相同性质的校准片对仪器进行校准。

(5)基体金属厚度。对于每一台仪器都有一个基体金属的临界厚度。大于此临界厚度时,金属基体厚度增加,测量将不受基体金属厚度增加的影响。临界厚度取决于仪器探头和基体金属的性质,除非制造商有所规定,临界厚度的大小应通过试验确定。

(6)边缘效应。磁性法测厚仪器对工件表面的不连续性比较敏感,工件表面形状的陡变会对结果造成较大的影响,因此在靠近工件边缘或内转角处进行镀层厚度测量时,检测结果的准确性比较差,除非测量前仪器用类似工件进行校准。工件边缘效应的范围大约距离不连续处边缘 20 mm 左右,这个区间取决于仪器本身性能。在实际测量时,应选择远离边缘和内转角的部位,不要在不连续的部位如靠近边缘、孔洞和内转角等处进行测量。

（7）曲率。工件表面不仅存在形状的陡变,还可能存在不同的曲率,工件的曲率会影响测量结果。曲率的影响因仪器和探头类型的不同而存在很大差异,但总的趋势是试样曲率越小,对测量值的影响就越明显。

使用双极式探头时,将两极匹配在平行于圆柱体轴向的平面内进行测量或匹配在垂直于圆柱体轴向的平面内进行测量,测量结果不相同。单极式探头的前端磨损不均匀也能产生这种结果。因此,在弯曲工件的表面上进行镀层厚度测量,其测量准确度不是很可靠,除非测量前仪器用类似工件专门进行过校准。

（8）表面粗糙度。基体金属和镀层的表面粗糙程度会影响磁性法测厚的准确性,粗糙程度越大,结果准确性影响就越大。一般来说,粗糙表面会引起磁性法测厚仪器产生系统误差和偶然误差,因此每次测量时,需在不同位置上增加测量的次数,以克服这种偶然误差。如果基体金属粗糙,还必须在未涂覆的粗糙度相类似的基体金属工件上取几个位置校对仪器的零点,或用对基体金属没有腐蚀的溶液溶解除去镀层后,再校对仪器的零点。

（9）基体金属机械加工方向。基体金属的机械加工工艺(如轧制方向)等会对基体的磁性能产生一定影响,当使用双极式探头或不均匀磨损单极式探头进行测量时,测量结果受磁性基体金属机械加工的取向影响而产生差异。

一旦发生基体金属机械加工方向明显的测量数据,在测量时,应使探头的方向与校准时探头所取的方向保持一致。如果不能做到,则在同一测量面内将探头每旋转 $90°$,增做一次测量,共测量 4 次。

（10）剩磁。基体金属在钢厂退火或轧制时,在冷却过程中可能被地球磁场磁化而形成剩磁,从而对磁性法测厚的准确性产生影响,但对使用交变磁场的磁阻型仪器的测量影响很小。

（11）环境磁场。现场检测时,周围各种电气设备产生的强磁场,会严重干扰磁性法测厚结果的准确性。

（12）附着物质。被检工件表面或者探头表面存在的外来附着物,会影响探头与工件表面的紧密接触,从而会影响磁性法测厚的准确性,因此在测量前,应除去工件表面或探头上的任何外来物质,如灰尘、油脂和腐蚀产物等,同时,在测量时应避开难以除去的明显缺陷,如焊接或钎焊焊剂、酸蚀斑、浮渣或氧化物的部位。

（13）覆盖层的导电性。某些磁性测厚仪的工作频率为 $200\sim2\,000\,Hz$,在这个频率范围内,高导电性厚覆盖层内产生的涡流可能会影响读数。

（14）探头压力和探头取向。探头置于工件上所施加的压力大小会影响磁性法测厚的准确性,因此,测量要保持探头压力适当、恒定。同时探头的放置方式也会对磁性法测厚结果产生影响,在测量中应当使探头与工件表面保持垂直。

5. 结果评定

对于镀层厚度的测量不确定度为镀层真实厚度的 10% 或 1.5 μm 以内,取两者中较大的一个。

在测量中,应剔除相关干扰因素引起测量异常的数据,如提离、边缘、人为因素等。

按有关产品标准及技术条件或供需双方合同的验收准则,对被检测零部件镀层厚度给出合格与否的结论。当产品标准及技术条件或供需双方合同未给出验收准则时,可以只提供具体的测量数据,而不给出合格与否的结论。

6. 记录和报告

按相关技术标准要求,做好原始检测记录及检测报告编制审批。

5.4 磁性法测厚技术在电网设备中的应用

5.4.1 输电线路铁塔塔材镀锌层磁性法测厚

输电线路铁塔属于空间桁架结构,塔材主要由单根等边角钢或组合角钢组成,材料一般使用 Q235 和 Q345,塔材连接采用螺栓连接,这种结构具有自重轻、强度高、韧性好、抗震与抗风性能优越、工业装配化程度高等优点,因此应用十分广泛。

塔材腐蚀是输电线路铁塔塔材服役失效的重要因素,铁塔腐蚀会引起铁塔构件截面减小、承载力降低,且腐蚀产生的锈坑将使铁塔的脆性破坏可能性增大,轻则影响结构耐久性,缩短结构使用寿命,重则危及铁塔结构安全性并引发输电线路安全事故。

为了防止输电线路铁塔塔材腐蚀失效,制造过程中需对铁塔塔材进行镀锌处理,按《输电线路铁塔制造技术条件》(GB/T 2694—2018)第 6.9.5 条要求,铁塔塔材镀锌层厚度要求如表 5-1 所示。

表 5-1　输电线路塔材镀锌层厚度要求

基体金属厚度/mm	镀锌层厚度最小值/μm	镀锌层最小平均厚度/μm
$t \geqslant 5$	70	86
$t < 5$	55	65

注:在镀锌层的厚度大于规定值的条件下,工件表面可存在发暗或浅灰色的色彩不均匀。

2021 年 4 月 17 日至 22 日,对河南省某 220 kV 输电线路送出工程 001♯～035♯铁塔塔材开展镀锌层厚度检测,每个厂家抽取 5 基铁塔,每基铁塔抽取 10 件角钢。

该铁塔角钢规格为∠125 mm×10 mm,材质为 Q420,如图 5 - 22 所示。依据《输电线路铁塔制造技术条件》(GB/T 2694—2018)和《磁性基体上非磁性覆盖层　覆盖层厚度测量　磁性法》(GB/T 4956—2003)等标准,采用磁性法测厚技术,对铁塔塔材镀锌层厚度进行检测评定。

图 5 - 22　输电线路铁塔塔材

1. 检测前的准备

(1) 资料收集。收集输电线路铁塔编号、塔材规格、塔材材质、生产厂家等相关信息,明确抽检铁塔塔材编号、部位和数量。

(2) 检测时机。在到货验收阶段进行检测。

(3) 现场勘察。检测人员对施工现场及环境进行勘察,重点关注以下信息:

① 检测人员核对塔材摆放位置,确认塔材信息无误且不存在影响开展检测作业因素。

② 检测人员核查料场环境,现场无扬尘、无水汽、照明充足;检验工作区域确保无电气设备产生的强磁场。

③ 检测环境。磁性法测厚应在−5~50℃、无雨雪天气下进行。

2. 仪器、探头、校准片、校准基体的选择

(1) 仪器。德国 EPK minitest 4100 型涂层测厚仪。

(2) 探头。FN1.6 型专用探头,可测最小基体厚度 0.5 mm,镀层厚度量程 0~1 600 μm。

(3) 校准片。塔材角钢规格为∠125 mm×10 mm,材质为 Q420,按 GB/T 2694—2018 标准要求,塔材表面镀锌层要求局部最小平均值大于或等于 85 μm,局部最小值大于或等于 70 μm,因此,选择(50±0.5)μm 和(125±1)μm 两种校准片。

（4）校准基体。校准基体选用 Q420 钢或与 Q420 钢磁导率相近的其他金属制作,基体厚度大于或等于 2.0 mm。

3. 仪器校准

检测前及检测完成后,应采用零点校准和两点校准方式对 EPK minitest 4100 型涂层测厚仪进行校准。

（1）零点校准。按"Zero"键,屏幕上"Zero"闪烁,探头轻放紧贴校准基体,待屏幕上显示数据稳定后,再按一下"Zero"键,仪器发出响声,即完成一次零点校准。重复上述步骤,直到校准基体显示数值小于 1 μm。

（2）两点校准。按"CAL"键,屏幕上"CAL"闪烁,探头稳定放在 $(50\pm0.5)\mu m$ 校准片上,用上下键将测量厚度值调整到 $50\mu m$,再按"CAL"键,"CAL"停止闪烁,第一个点校准完成。再选取 $(125\pm1)\mu m$ 校准片进行重复操作,完成第二点校准。

校准后用 $(50\pm0.5)\mu m$ 校准片和 $(125\pm1)\mu m$ 校准片进行复核测量,测量厚度误差小于 5% 即表示校准完成。否则应重复零点校准和两点校准,直到测量厚度误差小于 5% 为止。

4. 测量实施

测量前应先用纱布、清洗剂等对被测工件表面进行清理,除去被测工件表面上的任何外来物质,如灰尘、油脂和腐蚀产物等,使检测表面镀层均匀、光洁,清理时不应损伤镀层。表面清理完毕,进行厚度测量。

（1）打开 EPK minitest 4100 型涂层测厚仪,按"APPL"键,进入批处理模式,显示当前的批组行列号,再按"APPL"键,用上下键可更换不同行号,按"BATCH"键,用上下键选定行组号后,将探头垂直接触检测工件表面并轻压探头,响声后,屏幕显示出本次测量值,每个测点测量 5 次,取平均值并记录。

注意:对一个点进行多次测量时,每次测量完成后必须将探头提起离开被测工件 100 mm 以上,持续时间应大于 2 s,方可进行下一次测量。

（2）测量过程中应做好记录,包括日期、部件名称、测量位置、厚度测量值等。

（3）当发现仪器异常时应对仪器重新校准,并对上一次校准后检测工件重新检测。

（4）测量完毕后,应将仪器、探头及探头线进行归整,并清理工作现场。

5. 结果评定

经过对该线路 007♯、015♯、018♯、024♯及 029♯基铁塔塔材镀锌层厚度检测,发现 015♯铁塔塔材镀锌层厚度为 $13.6\sim21.5\mu m$,不符合 GB/T 2694—2018 第 6.9.4 条要求;007♯、018♯、024♯及 029♯铁塔塔材镀锌层厚度范围在 $113.5\sim148.3\mu m$,符合 GB/T 2694—2018 第 6.9.4 条要求。

6. 记录与报告

根据相关技术标准要求,做好原始记录及检测报告的编制、审批、签发等。

5.4.2　变电站接地扁铁镀锌层磁性法测厚

电气设备与大地之间往往需要良好的接地,从而达到防雷、防静电等效果。常用的电气设备接地体有扁铁、铜、铜覆钢等,其中接地扁铁经济适用,是电气设备使用最多的接地体。

接地扁铁长期处于地下或阴暗、潮湿的环境中,容易发生腐蚀,影响其使用寿命,造成接地系统局部断裂、接地功能失效等事故。目前,电力行业常用热镀锌涂层保护接地扁铁,《电气接地工程用材料及连接件》(DL/T 1342—2014)第 6.1.2.2 条规定之"接地扁铁热浸镀层厚度最小值 70 μm,最小平均值 85 μm"。

2021 年 12 月 13 日至 17 日,根据国网公司设备技术〔2020〕86 号《国网设备部关于印发 2021 年电网设备电气性能、金属及土建专项技术监督工作方案的通知》文件要求,依据 GB/T 4956—2003、DL/T 1342—2014 等标准,采用磁性法厚度测量技术,对河南省某 220 kV 变电站接地体开展镀锌层厚度检测,每种规格接地扁铁抽取 5 件。该工程接地扁铁规格为 80 mm×8 mm、80 mm×10 mm,基体材质为 ♯20 钢,表面热浸镀锌,如图 5‑23 所示。

图 5‑23　接 地 扁 铁

1. 检测前的准备

(1) 资料收集。收集变电站接地扁铁规格、材质、生产厂家等相关信息,明确抽检接地扁铁编号、部位和数量。

(2) 检测时机。在到货验收阶段进行检测。

(3) 现场勘察。检测人员对施工现场及环境进行勘察,重点关注以下信息:

① 检测人员核对接地扁铁摆放位置,确认接地扁铁信息无误且不存在影响开展检测作业因素。

② 检测人员核查料场环境,现场无扬尘、无水汽、照明充足;检验工作区域确保无电气设备产生的强磁场。

③ 检测环境。磁性法测厚应在 −5～50℃、无雨雪天气下进行。

2. 仪器、探头、校准片、校准基体的选择

(1) 仪器。EM220 型涂层测厚仪,内置探头,可测最小基体厚度为 0.5 mm,镀层厚度测量量程范围为 0~1 800 μm。

(2) 校准片。该工程接地扁铁规格 80 mm×8 mm、80 mm×10 mm,基体材质为 ♯20 钢,按 DL/T 1342—2014 标准要求,该接地扁铁热浸镀层厚度最小值 70 μm,最小平均值 85 μm,因此,选择 (50±0.5)μm 和 (125±1)μm 两种校准片。

(3) 校准基体。选用 ♯20 钢或与 ♯20 钢磁导率相近的其他金属制作,基体厚度大于或等于 2.0 mm。

3. 仪器校准

测量前及测量完成后,应采用零点校准和两点校准方式对 EM220 型涂层测厚仪进行校准。

(1) 零点校准。探头轻放紧贴校准基体,待屏幕上显示数据稳定后,按一下"Zero"键,并响一声,即完成零点校准。重复上述步骤,直到测得的基体测量值小于 1 μm 为止。

(2) 两点校准。探头稳定放在 (50±0.5)μm 校准片上,用上下键将测量厚度值调整到 50 μm,第一个点校准完成。再选取 (125±1)μm 校准片进行重复操作,完成第二点校准。

校准后用 (50±0.5)μm 标准片和 (125±1)μm 标准片进行复核测量,测量厚度误差小于 5% 即表示校准完成。否则应重复零点校准和两点校准,直到测量厚度误差小于 5% 为止。

4. 测量实施

测量前应先用纱布、清洗剂等对被测工件表面进行清理,除去被测工件表面上的任何外来物质,如灰尘、油脂和腐蚀产物等,使检测表面镀层均匀、光洁,清理时不应损伤镀层。表面清理完毕,进行厚度测量。

(1) 打开 EM220 型涂层测厚仪,将探头垂直接触被检工件表面并轻压探头,响声后,屏幕显示出本次测量值,每个测点测量 5 次,取平均值并记录。

注意:对一个点进行多次测量时,每次测量完成后必须将探头提起离开被测工件 100 mm 以上,持续时间应大于 2 s,方可进行下一次测量。

(2) 测量过程中应做好记录,包括日期、部件名称、测量位置、厚度测量值等。

(3) 当发现仪器异常时应对仪器重新校准,并对上一次校准后检测工件重新检测。

(4) 测量完毕后,应将仪器、探头及探头线进行归整,并清理工作现场。

5. 结果评定

经过对该变电站接地扁铁镀锌层厚度检测,发现变压器接地扁铁镀锌层厚度为

$21.4\sim37.8\,\mu\text{m}$(见图 5 - 24),不符合 DL/T 1342—2014 第 6.1.2.2 条要求;其他电气设备接地扁铁镀锌层厚度为 $96.1\sim113.4\,\mu\text{m}$,符合 DL/T 1342—2014 第 6.1.2.2 条要求。

图 5 - 24　变压器区接地扁铁镀锌层磁性法测厚结果

6. 记录与报告

根据相关技术标准要求,做好原始记录及检测报告的编制、审批、签发等。

5.4.3　紧固螺栓镀锌层磁性法测厚

电气设备导流部件常用紧固螺栓进行连接,如隔离开关压接线夹引流板、GIS 套管引线线夹和电抗器接线端子等导流部件,如图 5 - 25 所示。

图 5 - 25　隔离开关压接线夹引流板

导流部件紧固螺栓一般为钢制,耐蚀性较差,一旦发生腐蚀容易导致接触电阻增大而发热损坏设备,一般采用热镀锌提高导流部件紧固螺栓耐蚀性。《电力金具制造质量 钢铁件热镀锌层》(DL/T 768.7—2012)要求规定"紧固件(含垫圈、销子等)的总体锌厚(同一批次所有抽样试品锌厚的算术平均值)不低于 $50\,\mu m$";Q/GDW 11717—2017 第 4.5.2 条规定"热浸镀锌螺栓、螺母及垫片镀锌层平均厚度不应小于 $50\,\mu m$,局部最低厚度不应小于 $40\,\mu m$"。

2021 年 7 月 11 日至 16 日,按国网公司设备技术〔2020〕86 号《国网设备部关于印发 2021 年电网设备电气性能、金属及土建专项技术监督工作方案的通知》文件要求,依据 GB/T 4956—2003 和 Q/GDW 11717—2017 等标准,采用磁性法厚度测量技术,对河南省某 220 kV 变电站隔离开关压接线夹引流板、GIS 套管引线线夹等导流部件紧固螺栓镀锌层厚度进行检测,螺栓规格为 M12、M16、M20、M24,材质为 Q235,采用热浸镀锌,每种规格螺栓各抽取 3 套,如图 5-26 所示。

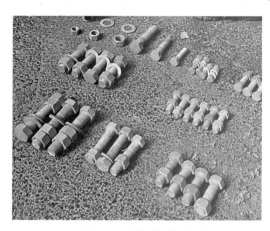

图 5-26　紧 固 螺 栓

1. 检测前的准备

(1) 资料收集。收集变电站导流部件紧固螺栓规格、材质、生产厂家等相关信息,明确抽检紧固螺栓编号、部位和数量。

(2) 检测时机。在到货验收阶段进行检测。

(3) 现场勘察。检测人员对施工现场及环境进行勘察,重点关注以下信息:

① 检测人员核查料场环境,现场无扬尘、无水汽、照明充足;检验工作区域确保无电气设备产生的强磁场。

② 检测环境。磁性法测厚应在 $-5\sim50℃$、无雨雪天气下进行。

2. 仪器、探头、校准片、校准基体的选择

(1) 仪器。德国 EPK minitest 4100 型涂层测厚仪。

（2）探头。FN1.6 型专用探头，可测最小基体厚度为 0.5 mm，镀层厚度量程 0~1 600 μm。

（3）校准片。螺栓规格为 M12、M16、M20、M24，材质为 Q235，按 Q/GDW 11717—2017 第 4.5.2 条规定，热浸镀锌螺栓、螺母及垫片镀锌层平均厚度不应小于 50 μm，局部最低厚度不应小于 40 μm，因此，选择（20±0.5）μm 和（100±1）μm 两种校准片。

（4）校准基体。校准基体选用 Q235 钢或与 Q235 钢磁导率相近的其他金属制作，基体厚度大于或等于 2.0 mm。

3. 仪器校准

同 5.4.1 节输电线路铁塔塔材镀锌层磁性法测厚中的仪器校准。

4. 测量实施

同 5.4.1 节输电线路铁塔塔材镀锌层磁性法测厚中的测量实施。

5. 结果评定

经过对该变电站隔离开关压接线夹引流板、GIS 套管引线线夹等导流部件紧固螺栓镀锌层厚度进行检测，螺栓镀锌层厚度在 53.4~62.7 μm 之间，符合 Q/GDW 11717—2017 第 4.5.2 条要求。

6. 记录与报告

根据相关技术标准要求，做好原始记录及检测报告的编制、审批、签发等。

5.4.4　变压器油箱、储油柜、散热器镀锌层磁性法测厚

油箱是油浸式变压器的外壳，变压器器身置于油箱内，箱内灌满变压器油。储油柜位于变压器油箱上方，通过气体继电器与油箱相通。当变压器的油温变化时，其体积会膨胀或收缩，储油柜的作用就是保证油箱内总是充满油，并减小油面与空气的接触面，从而减缓油的老化。变压器的散热器是在油箱外壁上焊接的散热管，里面流通过热的变压器油，主要作用是增大散热面积。

变压器油箱、储油柜和散热器一般由钢板制成，为防止变压器长期运行后因腐蚀导致变压器油泄漏而发生故障，变压器油箱、储油柜和散热器外壳均需要涂镀锌层。DL/1424—2015 第 6.1.1（a）条规定"油箱、油枕、散热器等壳体的防腐涂层应满足防腐环境要求，其涂层厚度不应小于 120 μm"。

2021 年 3 月 4 日至 7 日，按国家电网基建〔2020〕531 号《国家电网有限公司关于加强输变电工程设备材料质量检测工作的通知》文件要求，依据 GB/T 4956—2003 和 DL/T 1424—2015 等标准，采用磁性法测厚技术，对河南省某 220 kV 变电站变压器油箱、储油柜和散热器镀锌层厚度进行检测，变压器油箱、储油柜和散热器外壳壁厚为 3 mm，材质为 Q235C，如图 5-27 所示。

图 5 - 27　变压器油箱、储油柜、散热器

1. 检测前的准备

（1）资料收集。收集变压器型号、生产厂家等相关信息，确定变压器油箱、储油柜、散热器的规格、材质及检测位置。

（2）检测时机。在到货验收阶段进行检测。

（3）现场勘察。检测人员对施工现场及环境进行勘察，重点关注以下信息：

① 检测人员核查现场环境，现场无扬尘、无水汽、照明充足；检验工作区域确保无电气设备产生的强磁场。

② 检测环境。磁性法测厚应在 −5～50℃、无雨雪天气下进行。

2. 仪器、探头、校准片、校准基体的选择

（1）仪器。德国 EPK minitest 4100 型涂层测厚仪。

（2）探头。FN1.6 型专用探头，可测最小基体厚度为 0.5mm，镀层厚度量程为 0～1600μm。

（3）校准片。变压器油箱、储油柜和散热器外壳壁厚为 3mm，材质为 Q235C，按 DL/T 1424—2015 第 6.1.1(a)条规定"油箱、油枕、散热器等壳体的防腐涂层应满足防腐环境要求，其涂层厚度不应小于 120μm"的要求，选择（50 ± 0.5）μm 和（200 ± 1）μm 两种校准片。

（4）校准基体。校准基体选用 Q235 钢或与 Q235 钢磁导率相近的其他金属制作，基体厚度大于或等于 2.0mm。

3. 仪器校准

同 5.4.1 节输电线路铁塔塔材镀锌层磁性法测厚中的仪器校准。

4. 测量实施

同 5.4.1 节输电线路铁塔塔材镀锌层磁性法测厚中的测量实施。

5. 结果评定

经对河南省某 220 kV 变电站变压器油箱、储油柜和散热器镀锌层厚度进行测量,变压器油箱、储油柜和散热器防腐涂层厚度为 152.3～161.7 μm,符合 DL/T 1424—2015 第 6.1.1(a)条规定的要求。

6. 记录与报告

根据相关技术标准要求,做好原始记录及检测报告的编制、审批、签发等。

5.4.5　隔离开关外露传动机构镀锌层磁性法测厚

隔离开关由基体、导电部分、绝缘体、传动机构及操作机构等组成,其中传动机构作用是接收操作机构的扭矩,通过曲柄臂、连杆、轴齿或操作绝缘体将运动传递给触头,完成隔离开关的分、合动作。传动机构连杆一般采用满足强度和刚度要求的无缝钢管制成,因为其直接暴露于大气中,容易在雨水、烈日下产生腐蚀损坏,所以隔离开关外露传动机构连杆表面热镀锌,且按照 DL/T 1425—2015 规定,"传动件镀锌层平均厚度不低于 65 μm"。

2021 年 6 月 7 日至 15 日,根据国网公司设备技术〔2020〕86 号《国网设备部关于印发 2021 年电网设备电气性能、金属及土建专项技术监督工作方案的通知》文件要求,依据 GB/T 4956—2003 和 DL/T 1425—2015 等标准,采用磁性法测厚技术,对河南省某 220 kV 变电站变压器中性点隔离开关外露传动机构(水平连杆、拐臂)镀锌层厚度进行检测,外露传动机构连杆规格为 ϕ32 mm × 3 mm,材质为 #20 钢,采用热浸镀锌,如图 5 - 28 所示。

图 5 - 28　变压器中性点隔离开关

1. 检测前的准备

(1) 资料收集。收集隔离开关连杆规格、材质、生产厂家等相关信息,明确抽检外露连杆编号、部位和数量。

(2) 检测时机。在到货验收阶段进行检测。

(3) 现场勘察。检测人员对施工现场及环境进行勘察,重点关注以下信息:

① 检测人员核对隔离开关连杆摆放位置,确认连杆信息无误且不存在影响开展检测作业因素。

② 检测人员核查现场环境,现场无扬尘、无水汽、照明充足;检验工作区域确保无电气设备产生的强磁场。

③ 检测环境。磁性法测厚应在 $-5 \sim 50℃$、无雨雪天气下进行。

2. 仪器、探头、校准片、校准基体的选择

(1) 仪器。德国 EPK minitest 4100 型涂层测厚仪。

(2) 探头。FN1.6 型专用探头,可测最小基体厚度 0.5mm,镀层厚度测量仪量程为 $0 \sim 1600\mu m$。

(3) 校准片。塔材角钢规格 $\phi 32mm \times 3mm$,材质♯20 钢,按 DL/T 1425—2015 表1规定"传动件镀锌层平均厚度不低于 $65\mu m$",选择 $(20\pm 0.5)\mu m$ 和 $(125\pm 1)\mu m$ 两种校准片。

(4) 校准基体。校准基体选用♯20 钢或与♯20 钢磁导率相近的其他金属制作,基体厚度大于或等于 2.0mm。

3. 校准

同 5.4.1 节输电线路铁塔塔材镀锌层磁性法测厚中的仪器校准。

图 5-29 变压器中性点隔离开关传动机构镀锌层检测

4. 测量

同 5.4.1 节输电线路铁塔塔材镀锌层磁性法测厚中的测量实施。

5. 结果评定

经过对该变电站变压器中性点隔离开关外露传动机构(水平连杆、拐臂)镀锌层厚度进行检测,发现传动机构镀锌层厚度为 $32.2 \sim 41.5\mu m$(见图 5-29),不符合 DL/T 1425—2015 规定要求。

6. 记录与报告

根据相关技术标准要求,做好原始记录及检测报告的编制、审批、签发等。

5.4.6 构支架镀锌层磁性法测厚

为满足输变电设备安装需求,输变电工程规划设计时需要安装大量构支架,这些构支架一般由钢管或角钢组成,材料一般使用 Q235 和 Q345 等,构支架采用焊接或者螺栓连接方式。

与输电线路铁塔塔材一样,构支架腐蚀会引起构件截面减小、承载力降低,一旦产生严重腐蚀往往会危及构支架安全并引发承重设备出现安全事故。

为了防止构支架腐蚀失效,制造过程中需对构支架进行镀锌处理,根据 Q/GDW 11717—2017 中第 5.2.1 条规定,构支架表面镀锌层技术要求如表 5-2 所示。

表 5 - 2　不同环境下构支架镀锌层厚度要求

防护镀层	镀件公称厚度/mm	最小平均镀层厚度/μm	最小局部镀层厚度/μm	最小平均镀层厚度/μm	最小局部镀层厚度/μm
热浸镀锌层（纯锌）	≥5	C1 至 C4：86	C1 至 C4：70	C5：115	C5：100
	<5	C1 至 C4：65	C1 至 C4：55	C5：95	C5：85
热浸镀铝层	≥5	—	—	C4、C5：80	C4、C5：70
	<5	—	—	C4、C5：65	C4、C5：55
热浸镀锌铝合金层	≥5	—	—	C5：80	C5：70
	<5	—	—	C5：65	C5：55

注：表格中的 C1、C2、C3、C4、C5 是指大气腐蚀性等级，其中，C1 等级的大气腐蚀性等级最低，C5 等级的大气腐蚀性等级最高。

2021 年 3 月 10 日至 13 日，按根据国家电网基建〔2020〕531 号《国家电网有限公司关于加强输变电工程设备材料质量检测工作的通知》文件要求，依据 GB/T 4956—2003 和 Q/GDW 11717—2017 等标准，采用磁性法测厚技术，对河南省某 220 kV 变电站站内变压器区构支架开展镀锌层厚度检测，规格为 ϕ315 mm×8 mm，材质为 Q345，如图 5 - 30 所示。

图 5 - 30　构　支　架

1. 检测前的准备

（1）资料收集。收集构支架编号、规格、材质、生产厂家等相关信息，明确抽检构支架编号、部位和数量。

（2）检测时机。到货验收阶段进行检测。

（3）现场勘察。检测人员对施工现场及环境进行勘察，重点关注以下信息：

① 检测人员核对构支架位置，确认构支架信息无误且不存在影响开展检测作业因素。

② 检测人员核查现场环境，现场无扬尘、无水汽、照明充足；检验工作区域确保无电气设备产生的强磁场。

③ 检测环境。磁性法测厚应在−5～50℃、无雨雪天气下进行。

2. 仪器、探头、校准片、校准基体的选择

（1）仪器。德国 EPK minitest 4100 型涂层测厚仪。

（2）探头。FN1.6 型专用探头，可测最小基体厚度为 0.5 mm，镀层厚度量程为 0～1 600 μm。

（3）校准片。构支架规格为 ϕ315 mm×8 mm，材质为 Q345，按照 Q/GDW 11717—2017 第 5.2.1 条规定，构支架表面镀锌层要求局部最小平均值大于或等于 86 μm，局部最小值大于或等于 70 μm，因此，选择（50±0.5）μm 和（150±1）μm 两种校准片。

（4）校准基体。校准基体选用 Q345 钢或与 Q345 钢磁导率相近的其他金属制作，基体厚度大于或等于 2.0 mm。

3. 仪器校准

同 5.4.1 节输电线路铁塔塔材镀锌层磁性法测厚中的仪器校准。

4. 测量实施

同 5.4.1 节输电线路铁塔塔材镀锌层磁性法测厚中的测量实施。

5. 结果评定

经过对该变电站变压器区构支架开展镀锌层磁性法测厚，发现构支架镀锌层厚度为 99.5～141.3 μm，符合 Q/GDW 11717—2017 第 5.2.1 条的要求。

6. 记录与报告

根据相关技术标准要求，做好原始记录及检测报告的编制、审批、签发等。

第6章 太赫兹波测厚技术

随着现代科技进步,测量材料厚度的需求出现在社会的各方面,并且多数工程要求不止测量一层材料的厚度,而是需要对多种材料的厚度进行测量。目前常用的厚度测量技术如超声法、射线法、涡流法、磁性法及射线法等厚度测量技术,都存在对多层涂层材料无法分辨或不能在多层涂层材料中匀速传播等局限性,难以实现各层厚度的精确测量。

太赫兹波测厚技术在无接触、无损伤、无污染、高精度方面有得天独厚的优势。不会因为离子化而损伤测试物质,不易受到材料的性质和检测环境的影响,可以渗透很多非极性材料,可以对涂层材料进行非电离、非接触、非破坏测试,尤其是对塑料、陶瓷、泡沫材料和复合材料等非金属基底物质上的涂层厚度检测。另外,太赫兹脉冲宽度为几个皮秒,通过太赫兹采样技术,可以大幅度抑制噪声干扰。因此,对于涂层材料的非破坏性测量及对多层结构部件各层厚度的测量,太赫兹波测厚技术由于其安全性、有效性、非接触及防干扰特性而在更多的场合得到更加广泛的应用。

6.1 太赫兹波测厚基础理论

太赫兹波(terahertz wave),通常是指频率介于 $300\,GHz \sim 10\,THz$(波长 $1\,000\,m \sim 33\,\mu m$)之间的电磁辐射,在电磁波谱上位于微波和红外线之间,如图 6-1 所示。

太赫兹同时具有电磁波的量子特性和光波的方向性,可以穿透很多对于可见光和红外线不透明的物质,如塑料、陶瓷、有机织物、木材、纸张等。根据太赫兹波的光学特性,它可以被特定的准光学器件反射、聚焦和准直,可以在特定的波导中传输。由于太赫兹具有以上特性,所以可用太赫兹信号对特定材料的厚度进行测量。

6.1.1 太赫兹波的产生

随着近年来超快激光技术的发展,使用超快激光轰击非线性光学晶体(如砷化镓)或光电导偶极天线可以产生功率和频率可调的太赫兹波,使用飞秒激光采样可以在时域和频域上检测太赫兹波,这就为太赫兹波的科学研究提供了一个稳定和有效

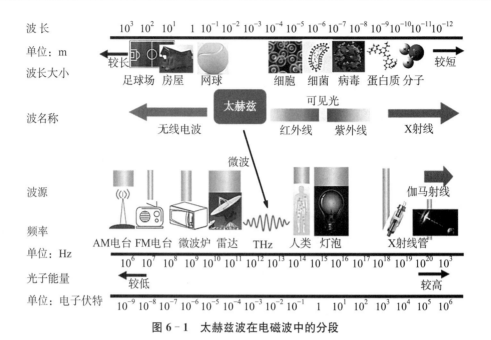

图 6-1 太赫兹波在电磁波中的分段

的手段。但是这种方式系统复杂,成本很高,不适合实际的太赫兹波应用,因此小型化、低成本的太赫兹波产生和接收装置是太赫兹波应用的关键问题。目前,根据太赫兹产生的原理,太赫兹源可以分为两大类,即电子学源和光子学源,其中,电子学源包含了耿氏二极管振荡器(Gun diode oscillator)、倍频器、反向波振荡器(backward wave oscillator,BWO)、自由电子激光器(free electronlaser,FEL)等,光子学源包含了光电导天线(photoconductor Antenna,PCA)、光整流(optical rectification)、气体激光器、基于半导体技术的量子级联激光器(quantum cascade laser,QCL)等。不同太赫兹发射源的参数及优缺点的比较如表 6-1 所示。

表 6-1 不同太赫兹发射源的比较

发射源	平均功率	瞬时功率	频率范围	频谱范围	优点	缺点
自由电子激光器	W~kW	mW	全波段	kHz	功率大,动态范围大	体积大,功耗高
量子级联激光器	nW~mW	nW~mW	>2 THz	kHz	功率较大	需低温环境
光电导天线	<mW	W	0.1~20 THz	GHz	常温环境,动态范围大	飞秒激光器昂贵,平均功率小
非线性光学晶体	mW~W	mW~W	<1.7 THz	kHz	体积小	难以获得高频信息
电子振荡太赫兹源	μW~mW	mW	>1.5 THz	GHz	功率大,体积小	动态范围小

1. 自由电子激光器

自由电子激光(free electron laser，FEL)被称为第四代同步辐射，特点是能够产生高相干性高强度的单色光。在光波范围工作的 FEL 多数使用射频电子直线加速器提供电子来源。它的工作原理是由加速器产生的高能电子经偏转磁铁注入到极性交替变换的扭摆磁铁中(见图 6-2)，电子因做扭摆运动而产生电磁辐射(光脉冲)，光脉冲经下游及上游两反射镜反射而与以后的电子束团反复发生作用。结果是电子沿运动方向群聚成尺寸小于光波波长的微小的束团。这些微束团将它们的动能转换为光场的能量，使光场振幅增大。这个过程重复多次，直到光强达到饱和，作用后的电子则经下游的偏转磁铁偏转到系统之外。

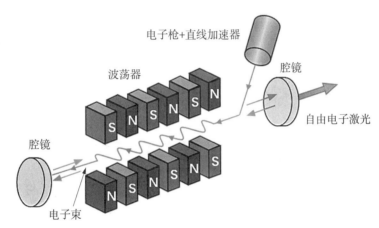

图 6-2　自由电子激光器

理论上自由电子激光器可以产生从微波到 X 射线的相干电磁辐射，但是自由电子激光器的体积很大，成本很高，只适合于科学研究。自由电子激光器可以产生全频段的可调谐 THz 辐射，并且可以获得很高的输出功率。

2. 量子级联激光器

量子级联激光器(quantum cascade laser，QCL)是基于半导体耦合量子阱子带间的电子跃迁所产生的一种单极性光源。量子级联激光器的工作原理与通常的半导体激光器截然不同，传统半导体激光器的发光波长由半导体能隙来决定，QCL 受激辐射过程只有电子参与，其激射方案是利用在半导体异质结薄层内由量子限制效应引起的分离电子态之间产生粒子数反转，从而实现单电子注入的多光子输出，并且可以轻松地通过改变量子阱层的厚度来改变发光波长。QCL 有三种结构，如图 6-3 所示。

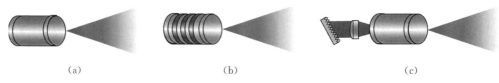

图 6-3　QCL 的三种结构

(a)F-P 腔激光器;(b) DFB 腔激光器;(c) EC 腔激光器

(1) 最简单的结构是 F-P 腔激光器(FP-QCL)。在 F-P 结构中,切割面为激光提供反馈,有时也使用介质膜以优化输出。

(2) 第二种结构是 DFB 腔激光器(DFB-QCL)。是在 QC 芯片上直接刻划分布反馈光栅。这种结构可以输出较窄的光谱,但是输出功率却比 FP-QCL 结构低很多。通过最大范围的温度调谐,DFB-QCL 还可以提供有限的波长调谐(通过缓慢的温度调谐获得波长 10~20 cm 的调谐范围,或者通过快速注进电流加热调谐获得波长 2~3 cm 的调谐范围。

(3) 第三种结构是将 QC 芯片和外腔结合起来,形成 EC-QCL。这种结构既可以提供较窄光谱输出,又可以在 QC 芯片整个增益带宽上(数百 cm^{-1})提供快调谐能力。由于 EC-QCL 结构使用低损耗元件,因此,它可在便携式电池供电的条件下高效运作。

与传统的 PN 结半导体激光器二极管不同,量子级联激光器是单极型激光器,它只有电子参加,通过量子阱导带激发态子能级电子共振跃迁到基态释放能量,发射光子并隧穿到下一级,逐级传递,其激射波长取决于由量子限制效应决定的两个激发态之间的能量差,而与半导体材料的能隙无关。因此,量子级联激光器的发明被视为半导体激光理论的一次革命和里程碑。

3. 光电导偶极天线

快速(皮秒级)光电导体被广泛用于产生周期为几百飞秒的超短电脉冲,这种电脉冲包含 THz 范围的光谱。这种方法是现阶段产生和探测太赫兹波的最常用方法。

快速光电导体由飞秒激光脉冲(泵浦光)激发,可作为瞬态电流源通过天线向空间传播短周期的瞬态变化。为了探测这样的瞬态变化需要一个与发射器相似的装置,但这个光电导体不需要偏置。作为探测器的光电导体由同样的飞秒激光脉冲(探测光)激发,在激发瞬间可以探测输出电流 I,通过可调的时间线将飞秒激光脉冲相对于泵浦光延迟时间 τ,则探测光强度为 $I(t+\tau)$。 基于光电导效应的太赫波产生以及探测原理如图 6-4 所示。

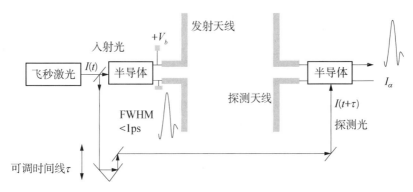

图 6‑4 光电效应产生太赫兹波

4. 非线性光学晶体

从裸露的半导体表面可产生太赫兹波,当半导体的表面状态被完全占用,靠近半导体表面与空气交界处的费米能级被牵制,导带和价带发生弯曲,从而产生一个耗尽区和一个表面强电场 E_b。 这个电场与交界面垂直,数值为 10^5 V/cm。当一个光子能量大于半导体带隙的超短入射光脉冲照射半导体表面时,入射的光载流子在半导体表面耗尽并被表面电场加速,从而产生超短瞬态电流,进而辐射出 THz 频段的电磁波,如图 6‑5 所示。产生的太赫兹波频率可通过改变激发脉冲的入射角进行调整。很多半导体如 InP、GaAs、GaSb、InSb、CdTe、CdSe、Ge,GaxAlxAs 等都已用于这种方法产生太赫兹辐射。

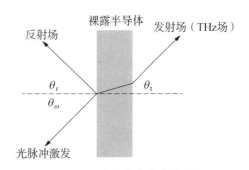

图 6‑5 半导体产生太赫兹波

产生的太赫兹信号如下式:

$$E_{THz}(t) = Z_s J_s(t) \sin\theta_r / (\cos\theta_r + n\cos\theta_t)$$

$$E_{THz}(t) = eZ_s [\sin\theta_r / (\cos\theta_r + n_s cos\theta_t)] \int_0^\infty n(x,t) v(E_b(x,t)) \mathrm{d}x \quad (6\text{-}1)$$

其中, Z_s 为半导体的特征阻抗, n_s 为折射系数, $n(x,t)$ 为光载流子密度, $v(E_b(x,t))$ 为光载流子的迁移速度。

与光电导效应的方法相比,这种方法不需要外加偏置电场,也不需要天线。

5. 电子振荡太赫兹源

单极 Tunnett 异质结构能够在 THz 频域内振荡,条件是电子通过方形隧道被注入一个 $50\sim100$ m 的转换空间,并发射到阳极,且阳极的材料不能反射和反向散射发射过来的电子,因此在放大电路中产生太赫兹波。一个放大器包括一个非线性电子设备如肖特基变容二极管或 HBV 二极管,这个设备放置在输入和输出匹配网络之间。目前还没有单独的电子设备能够在 1~3 THz 带宽内振荡。只有共振隧道二极管能够在 700 GHz 左右振荡。其他的微波和毫米波现行设备如耿氏二极管或碰撞雪崩及渡越时间二极管(IMPATT)的振荡频率都不能高于 500 GHz。耿氏振荡器能够产生 30 mW、193 GHz 的辐射,3 mW、300 GHz 的辐射和 1 mW 多、315 GHz 的辐射。GaAs 隧道渡越时间二极管(TUNNETT)可以产生 10 mW、202 GHz 的辐射。

带有金基片的 HBV 二极管非常适合于放大电路,因为金基片在提供机械稳定性的同时可以作为设备的散热器。任何太赫兹电子电路的主要问题都是半导体基片中的介质损耗,基片对传播太赫兹波的二极管和金属电路起支持作用。解决方法是运用 MEMS 技术将半导体基片的厚度减小到 1~3 μm,只有这样太赫兹放大器的输入功率才能充分提高。平面太赫兹放大器使用的两种技术如图 6-6 所示。一种是将平面放大器的整个无源网络建立在由波导块支持的薄 GaAs 膜上,另一种是完全移除金属电路下的基片而使平面放大器"悬浮"在空中("无基片"技术)。

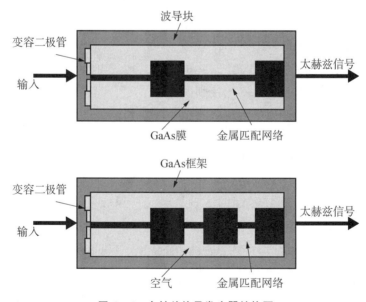

图 6-6　太赫兹信号发生器结构图

目前使用无基片技术实现了 400 GHz 和 800 GHz 的倍加器,其输出功率为 mW 级别,效率为 15%~20%。第一台工作在 1 THz 以上的平面肖特基倍增器通过使用薄膜技术实现。在室温下此设备能产生 80 μW、1.2 THz 辐射,在 120 K 时产生 200 μW 辐射,50 K 时产生 250 μW 辐射。使用同样的技术还制成了三倍加器,在 2.7 THz 时的输出功率为 1 μW。太赫兹倍增器因其紧凑的结构和高集成度,是一种非常有发展潜力的小型化、高效率太赫兹源。

6.1.2　太赫兹波的特性

太赫兹波对物质具有选择性穿透能力,可以透过很多非极性材料,其遇到金属会被反射,太赫兹波具有光学和电磁波两种信号的性质(见图 6-7),在空间中可用透镜改变其光路,在材料表面和内部发生反射和折射符合麦克斯韦电磁场理论。

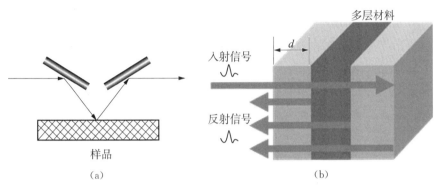

图 6-7　太赫兹的光学性质和电磁波性质

(a)太赫兹波在空气中的传播;(b)太赫兹波在介质中的传播

1. 太赫兹波传播特性

当太赫兹波在不同介质中传播时,由于在两种介质的分界面处的折射率不同,太赫兹会发生反射和透射,利用太赫兹信号传播时间差,在目标内部不同界面的反射信号的时间延迟,一方面可测量材料厚度,另一方面可对目标的纵向高分辨层析成像。太赫兹波在自由空间、波导、不同介质中的传播特性如下。

(1)自由空间中传播特性。自由空间的太赫兹波的传输可以采用常规的光学技术,为了控制太赫兹波的传输,可以利用抛物面镜和超半球硅透镜等光学元件准直或聚焦太赫兹波,使其沿既定的光路传播。太赫兹光路中通常使用硅衬底研制出的菲涅尔透镜或菲涅尔波带片等二元光学元件,图 6-8 为太赫兹光路中常用的光学器件。

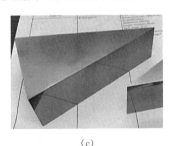

图 6-8　太赫兹光路光学器件

(a)反射镜;(b)会聚透镜;(c)折射镜

（2）波导中的传播特性。目前,已有太赫兹脉冲的传输方式包括在圆形和矩形金属波导中的传输、单模太赫兹波在蓝宝石光纤中的传输、单模太赫兹波在聚乙烯介质带平板波导中的传输等。同时太赫兹脉冲可通过细小孔径、通过薄的和厚的金属狭缝传输。太赫兹波在特定波导中传播的特性可应用于近场太赫兹波器件、太赫兹波互联、太赫兹波准光学腔以及太赫兹波谱的超灵敏测量。

（3）穿透特性。太赫兹波的穿透能力优于光波,同时又具有类似光波的"准"光学特性,在光学领域经常用到的宇称-时间反演（parity-time,PT）技术,也可应用在太赫兹频段,使得太赫兹波 PT 技术可以采用准光学器件和系统去降低系统的复杂度,同时太赫兹波的波长较短,利用太赫兹波成像可以达到类似光学 PT 的成像精度,其优于光波的穿透能力则有助于扩展太赫兹波 PT 的应用范围。

2. 太赫兹波测厚特性

1）太赫兹测厚优势

太赫兹波的波长介于微波和红外波之间,既具有微波的某些特性,也具有光波的某些特性,甚至还具有电子和光子的特性。与其他波段的电磁波相比,太赫兹波具有瞬态性、相干性、低能性、指纹谱性、高穿透性等特性,这些特性保证了太赫兹测量材料厚度的精度和效率。

（1）瞬态性。太赫兹的脉冲范围为皮秒级,对于各种材料（液体、半导体、生物样品等）能够进行很高的时间分辨研究。太赫兹波不但可以进行亚皮秒、飞秒时间分辨的瞬态光谱研究,而且通过取样测量技术,能够有效地防止背景辐射噪声的干扰,得到具有很高信噪比的太赫兹电磁波时域谱,并且具有对黑体辐射或者热背景不敏感的优点。同时太赫兹的波长足够小,频率高,能够提供高分辨率图像,能够达到亚毫米的范围,这使得分析物质的光谱性质时,能够产生比射频电子更宽的带宽。飞秒级别的太赫兹脉冲保证了其信号能够抑制背景噪声,产生高信噪比的信号,通常太赫兹脉冲的信噪比可以大于 104 dB。对于各种厚度不同的材料,高分辨率的太赫兹信号可对微米和毫米级别的材料进行精确测量。

（2）相干性。太赫兹的相干性源于其产生机制,在光学采样的过程中,能够获取太赫兹信号的幅值和相位信息,这样能够有利于提取物质的光学特征（折射率、吸收系数）,保证了太赫兹能够直接获取光学特征,避免了利用克拉莫-克若尼关系式（Kramers-Kronig relations）通过获取物质的单一特性（如折射率）推导物质的其他光学参数的计算过程,提高了太赫兹信号提取物质光学参数的运算效率。对于其测量的材料可直接计算出该材料的折射率和吸收率,计算结果直接用于厚度计算。

（3）低能性。太赫兹波的光子能量较低,如图 6-9 所示。当电磁波频率恰好是一个太赫兹时,光子能量只有约 4 meV,因此,不会对生物组织产生有害的光电离和破坏,能够保证待测物品的完整性,适合对生物组织进行活体检查,且太赫兹波对于人体或其他生物组织不产生任何有害的光电离作用,这保证了太赫兹技术对人体的安全性。太赫兹波的波长处于微波及红外光之间,因此在应用方面相对于其他波段的电磁波(微波、X 射线等),具有非常强的互补性。对于电力行业中各种材料如硅橡胶和环氧树脂,X 射线能量过高,对其进行测量时会破坏材料中的分子结构,而且对于绝缘纸,高能射线会破坏其纤维素结构,加速材料老化,降低材料绝缘性能。而使用太赫兹波能对上述材料进行无损测量,不会破坏材料原有结构,不会加速材料老化,同时在检测时不会对工作人员产生危害,也无须任何屏蔽保护措施。

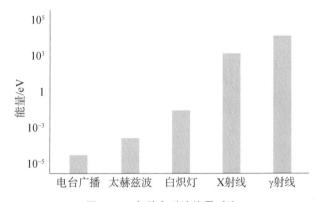

图 6 - 9　各种电磁波能量对比

　　(4) 指纹谱性。各种固态和气态物质都能够在太赫兹范围内呈现独特的表征信息。对于许多大分子,如蛋白质、葡萄糖等,它们的振动能级和转动能级正好位于太赫兹波段,通过分析它们的吸收峰可以有效鉴别物质的种类和固有性质。凝聚态体系的声子吸收很多位于太赫兹波段,自由电子对太赫兹波也有很强的吸收和散射,太赫兹光谱分析是研究凝聚态材料中物理过程的一个很好工具。特别对许多有机分子在太赫兹电磁波段呈现出强烈的吸收和色散特性,这些特性是与有机分子的转动和振动能级相联系的偶极跃迁造成的。利用太赫兹波有可能通过特有的光谱特征识别有机分子,类似利用指纹识别不同的人一样。常见的不同物质太赫兹信号如图 6 - 10所示。

　　(5) 穿透性。太赫兹波能够穿透大部分非极性材料和非金属材料,非极性材料包括橡胶、塑料、布料、包装材料等;非金属材料包括塑料、陶瓷、绝热泡沫等。对于极性物质太赫兹波很难透射过去,如水和金属,可以通过分析它们的特征谱研究物质成分或者质量监控。

　　由于太赫兹波是一种电磁波,所以太赫兹波的传播方式同电磁波传播方式一致,在与样本表面接触后,太赫兹波与样本相互作用,发生反射、透射、散射等。对于其相互作用过程使用辐射传播理论解释,样本表面粗糙度和内部密度、物质分子结构不

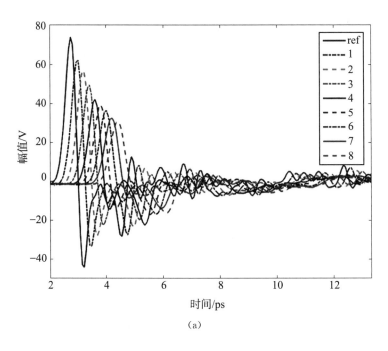

（a）

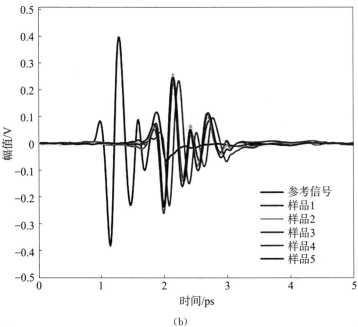

（b）

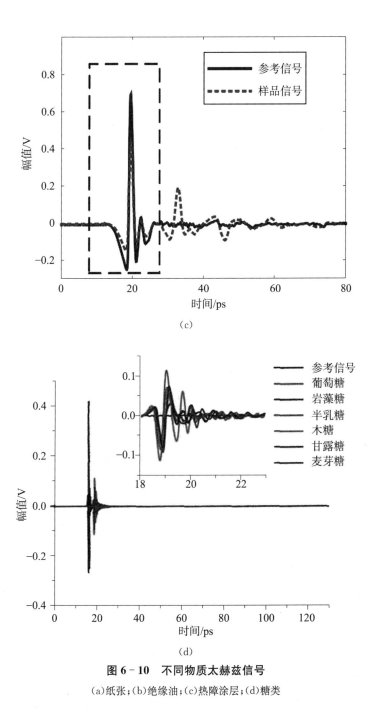

图 6-10　不同物质太赫兹信号

(a)纸张;(b)绝缘油;(c)热障涂层;(d)糖类

同,太赫兹信号将会发生一系列的散射。利用太赫兹波的穿透特性可对材料进行透射式厚度测量,利用太赫兹波的反射特性可对材料厚度进行反射式测量。

2）太赫兹波测厚的不足

（1）有测量极限。目前应用较为成熟的太赫兹测厚技术，是根据太赫兹反射脉冲的传播时间差对材料厚度进行测量，是否能够准确提取各反射脉冲的传播时间直接决定了厚度测量结果的正确性。由于太赫兹脉冲具有一定宽度，当涂层厚度较薄时，各个太赫兹反射脉冲将在时域上发生混叠，无法直接通过定位反射脉冲峰值位置的方式求解反射脉冲的传播时间，导致传播时间测厚方法存在一定的测量极限。

（2）水分干扰。水分对于太赫兹波具有强烈的吸收作用，在实际工业应用环境下，难以提供低湿度、高信噪比的测量条件，环境中水分及其他噪声源会导致被测样品的太赫兹信号包含非平基线和大量高频噪声信号，给传播时间的提取工作造成困难，为了满足精确测量需求，需要一种能够有效排除水分干扰，提升太赫兹信号信噪比的降噪方法。

（3）多层材料测量不准确。基于飞行时间原理的太赫兹测厚方法无法对多层结构样品中各层涂层的厚度进行精确测量。Mechelen JM 等提出的模型虽然能够对多层结构中太赫兹信号传播过程进行描述，但模型形式较为复杂、难以推广。在保证模型准确的条件下，构建形式简单且易于推广的太赫兹信号传播模型，对于太赫兹厚度测量技术的发展具有明显的应用价值。

（4）测量标准不统一。不同种类材料的光学性质不同，需要对太赫兹测量方法进行调整，使之能够对不同材料的厚度进行测量。在太赫兹测厚过程中，影响测量结果最重要的一个干扰因素就是物质的含水量，在检测过程中，不同材料的含水量不一致，因此没有一个固定的模型可以对所有材料进行评估。但由于太赫兹信号对水分的敏感性，在厚度测量的同时可作为监测水分的方法，例如，在涂层厚度测量中，涡流法测厚技术、磁性法测厚技术均为接触式测量技术，无法在涂层未干的情况下对其厚度进行实时测量，但借助太赫兹厚度测量技术就能够实时获取未干涂层的厚度变化信息，监测涂层的干燥过程，有助于合理选择干燥时间，缩短生产周期。

6.1.3 太赫兹波测厚原理

太赫兹波测厚技术最主要是利用太赫兹时域光谱（THz - TDS）技术，通过探测太赫兹波在各不同介质分界面反射回波的传播时间差，来对材料的厚度进行测量。对于厚度不同的材料，可分别使用透射式测量和反射式测量，厚度在 10 mm 以下较薄的材料，可用透射式进行精确测量；对于金属表面涂料等难以分离的材料，使用反射式测量效率更高，结果更精确。

1. 透射式测厚原理

2012 年，韩国又石大学的 Park 等人提出透射模式下的时延差法测量样品的厚度，由于太赫兹波在样品和空气中传播速度不同，透过样品后的太赫兹脉冲到达探测器的时间及透过空气到达探测器的时间存在时间差,根据时域波形上太赫兹脉冲峰值的时间延迟差异计算样品的厚度。典型的太赫兹透射信号如图 6-11 所示。

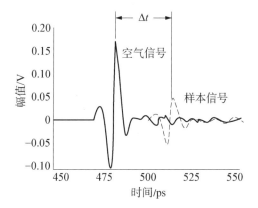

图 6-11 透射太赫兹信号

图 6-11 中,太赫兹信号在空气中的传播和透过材料的信号峰值会有一个时间差值 Δt,即为太赫兹信号传播时间差,当不放置样品时,太赫兹波从发射器到达探测器的时间为

$$t = \frac{L}{v} \tag{6-2}$$

其中,L 为太赫兹发射器到探测器的距离;v 为太赫兹波在空气中的传播速度。当将样品放置在太赫兹发射器与探测器之间时,太赫兹波透过样品从发射器传输到探测器的时间为

$$t_1 = \frac{L-d}{v} + \frac{d}{v_1} \tag{6-3}$$

其中,d 为样品的厚度;v_1 为太赫兹波在样品中的传播速度。太赫兹波在样品中的传播速度和折射率关系为

$$v_1 = \frac{c}{n_1} \tag{6-4}$$

式中,c 为空气中光的传播速度,$c = 3 \times 10^8$ m/s。

太赫兹波透过样品和不透过样品时的传播时延差为

$$\Delta t = t_1 - t \tag{6-5}$$

而太赫兹波在空气中的传播速度 v 近似为光速 c,最终可推导出在透射模式下,

被检样品厚度 d 的计算公式为

$$d = \frac{c \Delta t}{n_1 - 1} \qquad (6-6)$$

式中, n_1 为被测物质的折射率。

2. 反射式测厚原理

样品的厚度同样可以根据样品中的反射信号计算,典型的太赫兹反射信号如图 6-12 所示,正峰和负峰的时间差分别为 Δt_1、Δt_2,联合正峰和负峰值时间差,可精确计算出被检材料厚度。

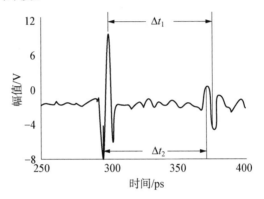

图 6-12 反射太赫兹信号

具体根据样品前后表面反射波的时延在反射模式下计算样品的厚度,当太赫兹波垂直入射至样品时,样品后表面反射波和样品前表面反射波之间的时延为

$$\Delta t = t_2 - t_1 = \frac{2d}{v_1} = \frac{2dn_1}{c} \qquad (6-7)$$

最终可推导出在反射模式下,被测样品厚度 d 的计算公式:

$$d = \frac{c \Delta t}{2n_1} \qquad (6-8)$$

6.2 太赫兹波信号的探测与分析

6.2.1 太赫兹波信号的探测

太赫兹波信号可通过多种方法进行探测,其中最常用的有两种:光导电采样法和自由空间采样法。

1. 光导电采样法

光电导采样探测太赫兹脉冲是基于光导天线发射机理的逆过程发展起来的一种探测技术。

将太赫兹检测器可视化为源的镜像,将检测过程可视化为太赫兹生成的非镜像,常用的太赫兹检测器包含砷化镓天线,将无偏置的砷化镓天线置于探测太赫兹脉冲信号的光路中,便于探测脉冲对其门控,探测光束打到砷化镓探测材料激发空穴-电子对。使用光电导天线来探测太赫兹信号的方法,称为光电导采样或 PC 采样,采样原理如图 6-13所示。

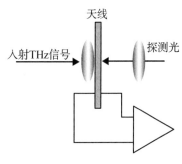

图 6-13　光导电采样

光电导采样基于光电导发射机理的逆过程:光选通脉冲在光电导介质中激发产生自由载流子,太赫兹电场作为偏转电压,促使载流子运动产生电流。对该电流进行测量可以得到太赫兹电场的信息。天线末端所产生的电荷可表示如下:

$$q_t = \int v(t) g(t-\tau) \mathrm{d}t \tag{6-9}$$

其中,$v(t)$ 为光导电间隙电压,可表示为

$$v(t) = \int H(\omega) E(\omega) \exp(\mathrm{i}\omega t) \mathrm{d}\omega \tag{6-10}$$

式中,$E(\omega)$ 表示入射电场脉冲 $E_{\mathrm{THz}}(t)$ 的傅里叶变化,$H(\omega)$ 为天线的传递函数,电导率如下:

$$g(t) = \int I(t') \{1 - \exp[1 - \exp(t-t')]\} \exp[(t-t')/\tau] \mathrm{d}t' \tag{6-11}$$

光导电的采样信号输入为 $E_{\mathrm{THz}}(t)$,由光导电基片的动量弛豫时间 τ 和载流子寿命决定。探测脉冲和泵浦脉冲通过机械延迟调节时间延迟关系,最终使太赫兹脉冲与在太赫兹探测器上的探测脉冲到达时间同步,此时太赫兹脉冲可作为偏置电场对探测脉冲激发的空穴-电子对产生偏置效应,从而加速电荷载体产生电流。该电流被放大并记录,延迟线被延长,过程重复,直到整个太赫兹波形的电场被捕获。

2. 自由空间采样法

对探测光的偏振变化进行测量的方法称为自由空间采样法,当探测光和太赫兹吸纳后同时作用在电光晶体的同一部位,探测光的偏振程度发生变化,此时采集到的信号经过换算得到太赫兹信号,此种方法称为自由空间采样(FS-EOS)。采样结构如图 6-14 所示。

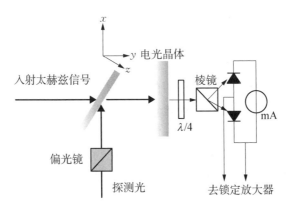

图 6 - 14　自由空间光电采样

自由空间电光采样利用探测光与太赫兹辐射在电光晶体中激发的线性电光效应。两束光沿同一方向传播但是偏振不同,例如,如果 z 为传播方向,探测光由于电光晶体的双折射其偏振方向为垂直于 z 的 (x,y) 平面上的 $45°$。而太赫兹辐射方向与 y 轴垂直。由于在太赫兹尺度上电光效应瞬时发生,所以,自由空间电光采样探测器的输出与 $E_{THz}(t)$ 成正比。由于太赫兹辐射的作用,探测光将在 dz 上产生相延迟 $\Delta\varphi$,延迟大小取决于电光晶体的类型和方向。自由空间电光采样所使用的晶体为单轴晶体(如 $LaTiO_3$ 或 $LiNbO_3$)和各向同性晶体(如 ZnTe)。使用 ZnTe 可以得到较高的信噪比,其相延迟可以表示为

$$\Delta\varphi(\tau) = \left(\frac{\omega}{c}\right) n_0^3 r_{41} E_{THz}(\tau) dz = \mathrm{const} \times E_{THz}(\tau) dz \qquad (6-12)$$

式中,ω 为探测光的频率;r_{41} 为电光系数。

由上式可知,当太赫兹辐射在晶体中传播距离为 L 时,吸收率小,折射系数差为 $\Delta n = n_T - n_{opt} = 0.22$,由此可得到太赫兹强度为

$$E_{THz}(\tau) = \Delta\varphi(\tau)/(L \times \mathrm{const}) \qquad (6-13)$$

通常,太赫兹源使用的非线性光学材料被用作太赫兹检测器。由于泡克尔斯效应(Pockels effects),电光晶体充当电光调制器,晶体的双折射与外加电场成正比,导致探测器介质的折射率发生变化。探测光打在电光晶体时,引起偏振态的改变,使得偏振光的差值能够正比于太赫兹的电场,机械延迟线利用光程位移的机械改变实现改变延迟时间,进而捕捉数据直到采集整个太赫兹波形。

6.2.2　太赫兹波信号的分析

光在其他材料中的传播速度与光在真空中的传播速度的比值叫做折射率。样品

的折射率越高,表明入射光发生折射的能力就越强。吸收率是指光照射到颗粒上热辐射能被吸收的量与投射到颗粒上的总热辐射能量之比。由于太赫兹波同时具有光和电磁波的性质,根据太赫兹测厚原理与数学模型,其中 n 为折射率,对于测量材料厚度,折射率和吸收率是两个至关重要的量。

1. 折射率与吸收率

1) 折射率

根据麦克斯韦方程理论,电磁波和物质表面接触时,一部分能量在物质表面被反射,另一部分则进入物质,如图 6-15 所示。

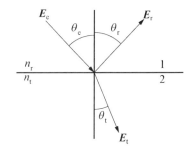

图 6-15　电磁波的反射与透射

在图 6-15 中,入射波被分成了两个部分,一部分反射进入界面 1,另一部分透射进入界面 2,由于两种介质的介电特性、电磁波的传播速度和角度都发生了变化,此变化可以通过下式来描述:

$$\boldsymbol{E}_e = E_{0,e} \cdot \cos(\boldsymbol{k}_e \boldsymbol{r} - \omega_e t)$$

$$\boldsymbol{E}_r = E_{0,r} \cdot \cos(\boldsymbol{k}_r \boldsymbol{r} - \omega_r t + \phi_r)$$

$$\boldsymbol{E}_t = E_{0,t} \cdot \cos(\boldsymbol{k}_t \boldsymbol{r} - \omega_t t + \phi_t)$$

$$(6-14)$$

式中,$\boldsymbol{k}_\alpha$, α=e, r, t 为电磁波向量;ϕ_α, $\alpha=(\boldsymbol{k}_e-\boldsymbol{k}_\alpha)$, α=r, t;$\omega_e=\omega_r=\omega_t=\omega$。

根据电磁波向量反射定律

$$k_e \sin\theta_e = k_r \sin\theta_r \tag{6-15}$$

在界面 1,入射波和反射波处于同一介质中,所以传播规律一致,即 $\sin\theta_e = \sin\theta_r$, $\theta_e = \theta_r$;当电磁波穿过 1、2 界面,即透射信号,用菲涅耳方程量化,通过计算得到反射系数和透射系数,以及两者之间的平行分量与垂直分量,由下式来描述。

平行分量:

$$r_p = \frac{E_{o,r,p}}{E_{o,e,p}} = \frac{n_t\cos\theta_e - n_e\cos\theta_t}{n_t\cos\theta_e + n_e\cos\theta_t}$$

$$t_p = \frac{E_{o,r,p}}{E_{o,e,p}} = \frac{2n_e\cos\theta_e}{n_t\cos\theta_e + n_e\cos\theta_t}$$

垂直分量:

$$r_s = \frac{E_{o,r,p}}{E_{o,e,p}} = \frac{n_t\cos\theta_e - n_e\cos\theta_t}{n_t\cos\theta_e + n_e\cos\theta_t}$$

$$t_s = \frac{E_{o,\,r,\,p}}{E_{o,\,e,\,p}} = \frac{2n_e \cos\theta_e}{n_t \cos\theta_e + n_e \cos\theta_t}$$

决定物质折射率一般分为两个量,即磁导率和介电常数,并且两个量都是复数形式,因此,折射率也用复数表示。若检测材料为非磁性,则折射率仅取决于介电常数,由下式定义

$$\hat{n} = n + i\kappa \tag{6-16}$$

其中,复数 $\hat{n}$ 为复折射率,实部数据 n 为折射率,虚部 κ 为消光系数。

2)吸收率

当电磁波穿过介质必会有能量损耗,介质对电磁波的吸收用比尔朗伯定律描述,该定律对电磁波在介质中的吸收有明确的定义,即一束单色光照射于吸收样本介质表面,在通过一定厚度的介质后,由于介质吸收了部分光能,透射光的强度就要减弱。吸收介质的浓度愈大,介质的厚度愈大,则光强度的减弱愈显著,其关系为

$$A = \lg \frac{I_0}{I_t} = \lg \frac{1}{T} = Klc \tag{6-17}$$

式中,A 为吸光度;I_0 为入射光强;I_t 为透射光强;T 为透射比例,也称为透光度;K 为吸收系数;l 为吸收介质的厚度;c 为吸收光物质的浓度,即当一束平行单色光垂直通过某一均匀非散射的吸光物质时,其吸光度 A 与吸光物质的浓度 c 及吸收层厚度 l 成正比。

2. 不同模式下的信号提取

1)透射模式下光学参数提取

若被测样本表面光滑且无电荷和电流,以及 THz-TDS 探测系统为线性不变系统。通常被测样本的光学性质通过复折射率 $\tilde{n}(\omega) = n(\omega) - ik(\omega)$ 来表征和描述,其中,$n(\omega)$ 为实折射率,表征被测样本的色散特性;$k(\omega)$ 为消光系数,表征被测样本对太赫兹波吸收特性,两者的关系如下:

$$\alpha(\omega) = \frac{2\omega k(\omega)}{c} \tag{6-18}$$

式中,c 为真空中的光速;ω 为角频率。

当太赫兹信号垂直入射样品表面时,根据菲涅尔公式,得到透射系数 T_s:

$$T_s = \frac{2\tilde{n}_a(\omega)}{\tilde{n}_a(\omega) + \tilde{n}_s(\omega)} \tag{6-19}$$

式中,$\tilde{n}_a$ 为空气的负折射率,$\tilde{n}_s$ 为样品的负折射率。

基于太赫兹时域信号提取光学参数需采集两次时域信号,两次时域信号分别为

第一次采样不放置样本的太赫兹时域信号 $s_{ref}(\omega)$ 和第二次采样放置样本的太赫兹时域信号 $s_{sam}(\omega)$。初始信号 s_0 表示为太赫兹波入射的信号,参考信号 $s_{ref}(\omega)$ 表示太赫兹波直接与空气响应的信号,可表示为

$$s_{ref}(\omega) = s_0(\omega) T_a(\omega) \exp\left(-\frac{\mathrm{j}\widetilde{n}_a(\omega)\omega L}{c}\right) T_s \tag{6-20}$$

式中,T_a、T_s 为透射系数。

一般情况下,空气的折射率约为 1,即 $\widetilde{n}_a = 1$。假设被测试样均匀以及 THz-TDS 探测系统是线性的,且信号相对稳定,与样本的相互作用也是线性的,则被测样本在太赫兹波段的传递函数可表示为

$$H(\omega) = \frac{s_{sam}(\omega)}{s_a(\omega)} = \frac{4\widetilde{n}_a(\omega)}{[1+\widetilde{n}_a(\omega)]^2} \exp\left[-\frac{\mathrm{j}\omega d}{c}(\widetilde{n}_s(\omega) - 1)\right] = \rho(\omega) \mathrm{e}^{-\mathrm{j}\phi(\omega)} \tag{6-21}$$

式中,$\phi(\omega)$ 为参考信号与样本信号的相位差;$\rho(\omega)$ 为参考信号与样本信号的振幅比。

在弱吸收的情况下,样本的消光系数远小于其折射率 $k_b \leqslant n_b$,则 $\rho(\omega)$ 和 $\phi(\omega)$ 可表示为

$$\rho(\omega) = \frac{4\widetilde{n}_a(\omega)}{[1+\widetilde{n}_a(\omega)]^2} \exp\left(-\frac{k_s(\omega)\omega d}{c}\right) \tag{6-22}$$

$$\phi(\omega) = \frac{(n_s(\omega)-1)\omega d}{c} \tag{6-23}$$

上述传递函数作为 THz-TDS 探测系统透射模式下提取光学参数的根本依据,阐述了被测样本对太赫兹波的各频率的调制作用。

2) 反射模式下光学参数提取

反射模式下的条件假设、传递函数以及提取光学参数机理与透射模式下是一致的,只是折射率和吸收系数的计算在两种不同模式下的提取方式不一致。在 THz-TDS 时域探测系统反射模式下对被测样本提取光学参数过程中,由于需要分别采样样本信号和参考信号,反射界面不完全一致,因而两者之间的信号间相位存在必然性误差,求解被测样本在太赫兹波段的折射率时也就存在不可避免的误差。因此,时域方法对该材料在太赫兹波段折射率的估算值是整体估计均值。反射模式与透射模式的提取光学参数的方法类似,当太赫兹波与缺陷界面产生响应之后,故折射率差值 $\Delta n = n_s - n_a$。进而太赫兹时域波形的最大值延时为

$$\Delta t = \frac{l \, \Delta n}{c} \qquad\qquad (6-24)$$

折射率估算为

$$n_s = \frac{c \, \Delta t}{l} + n_a \qquad\qquad (6-25)$$

式中，n_s 为材料折射率；n_a 为空气折射率；l 为材料宽度；c 为光速。

研究太赫兹波在介质传输的特性时，能量衰减与吸收系数有着紧密的关系。吸收系数表征单位长度的消光率，根据上述的推理过程可知，将时域信号进行快速傅里叶变换后可获得吸收系数随着频率变化关系：

$$n_{abs} = -\frac{1}{d} \lg \left| \frac{E_s(\omega)}{E_r(\omega)} \right| \qquad\qquad (6-26)$$

式中，n_{abs} 为吸收系数；d 为材料厚度。

6.3 太赫兹波测厚系统

太赫兹波测厚系统使用太赫兹时域光谱（THz-TDS）技术，太赫兹时域光谱技术利用太赫兹脉冲透射样本或者在样本上发生反射，测量由此产生的太赫兹电场强度随时间的变化（利用傅里叶变换获得频域上幅度和相位的变化量），进而得到样本的信息。典型的太赫兹时域光谱系统分 3 大模块，即太赫兹波源模块、太赫兹信号探测模块和太赫兹信号采集模块，如图 6-16 所示。

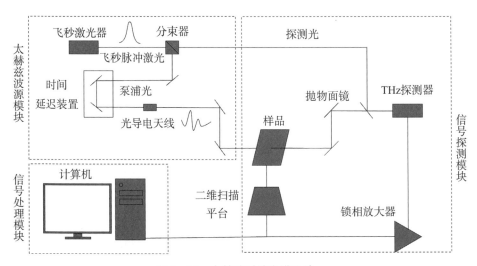

图 6-16　太赫兹时域光谱系统

6.3.1 太赫兹波源模块

太赫兹波源模块包括飞秒激光器、分束器、时间延迟装置以及光导电天线。飞秒激光脉冲由分束器分为泵浦光(pump light)和探测光(probe light),前者用于激发太赫兹光源,后者用于驱动太赫兹探测器。将产生的太赫兹脉冲照射样本材料,太赫兹探测器接收由样本材料反射的脉冲信号,探测在探测光脉冲到达瞬间的太赫兹波的电场强度。

飞秒激光技术获得的宽波段太赫兹脉冲是单周期的电磁辐射脉冲,周期小于1s,频谱范围为100 GHz~5 THz。由飞秒激光器产生的太赫兹脉冲亮度超过了普通热源,其检测的灵敏度也高于一般的辐射检测器。

延迟线作用是通过调节反射镜的位置改变光路,从而改变探测光到达太赫兹探测器的时间。利用不同的探测光到达时间,能够测量太赫兹电场强度随时间的变化,再通过傅里叶变换,就能得到太赫兹波频谱。

6.3.2 太赫兹波信号探测模块

太赫兹脉冲经抛物面镜准直、聚焦到被测样品上,载有样品信息的太赫兹脉冲透射样品后经另一对抛物面镜准直、聚焦,并与探测光共线地通过探测器,从而得到样品的太赫兹信号。

太赫兹场强探测模块由光电晶体、1/4玻片、沃拉斯顿棱镜(WS prism)和平衡光电二极管探测器组成。当太赫兹光束与飞秒激光同时入射到电光晶体(electro-optic crystal,EO)上时,由于波克尔斯效应,即电场在光学材料中引起双折射现象,出射的太赫兹波由线偏振转变为椭圆偏振。且由于EO晶体的感应双折射与电场成线性比例,穿过EO后的飞秒激光的偏振方向将直接反映太赫兹波的电场振幅。1/4玻片的作用是将零太赫兹场强时的飞秒激光线偏振转换为圆偏振,在经过WS棱镜将两个偏振分量分开后,零场强时将获得两个等强度的光束。而平衡检测器本质是一个差分放大器,其信号正比于两个光电二极管输出的差值,故零场强时平衡检测器信号强度为0,当场强非零时检测器信号强度正比于z场强。

由于待测样品的种类繁多,有的样品厚度薄、表面平整,有的样品较厚且表面粗糙,所以对于形状不同的待测样品,可分别使用透射式测量和反射式测量。透射式测量平台对于薄样品测量效果较好,且检测平台结构简单;反射式测量平台对于无法剥离附着面的材料、太赫兹波无法透射的基板上的材料有较好的测量效果,两种测量方式的主要区别为样品台不同。

1) 透射式测量

在透射式测量中,使用激光振荡器产生亚皮秒红外脉冲(800 nm)经分光器分成两束后，一束经过时延模块然后入射到基于 ZnTe 的太赫兹发射器，另外一束作为相干的时域参考信号。由 ZnTe 晶体产生的太赫兹波束由 4 个对称的离轴抛物镜进行聚焦，焦点处的太赫兹光斑大小约为 23 mm，测试时样品通常置于太赫兹波束的焦点处。最后，穿过样品的太赫兹信号与飞秒激光分束的参考信号进入太赫兹场强探测模块。

THz‑TDS 技术使用的设备及探测原理如图 6‑17 所示。

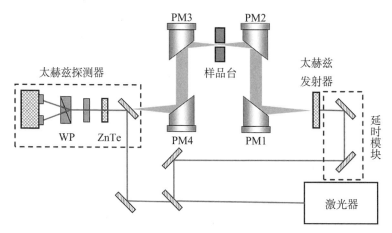

图 6‑17　透射太赫兹时域光谱仪的探测原理

由太赫兹场强探测原理可知，THz‑TDS 设备对极化方向高度敏感，若穿过样品后的线偏振光的偏振发生改变，由线偏振改为圆偏振、椭圆偏振，平衡检测器最终测试到的信号强度会发生衰减，而常用的蓝宝石衬底为双折射晶体。

2）反射式测量

当待测样品对太赫兹波具有强烈吸收时或者样品厚度较厚时，透射模式就难以采集到有效信息，对太赫兹强烈吸收的样品可以选择反射式的太赫兹时域光谱技术。反射式 THz‑TDS 系统的光学器件与透射式 THz‑TDS 系统相同，但光路不同。反射式 THz‑TDS 技术是探测分析太赫兹波从待测样品的表面及内部界面的脉冲信号。

反射式 THz‑TDS 系统的光路包括两种：一种是垂直入射式，另一种是斜入射式，各自的局部光路图如图 6‑18 所示。垂直入射式的光路简单，太赫兹波垂直入射通过半透半反镜至样品表面，然后进行垂直反射，但是半透半反镜会损失部分太赫兹波的功率，信噪比较低；对于斜入射式的 THz‑TDS 系统，太赫兹波以一定的入射角入射至样品表面，从另一个方向反射，其信噪比较高，但是光路较复杂，对角度要求较高，需要精准的调试。

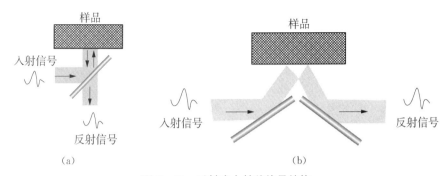

图 6 - 18　反射式太赫兹信号结构

(a)垂直入射；(b)斜入射

反射式 THz‐TDS 还可用于通过测量传播时间而获得不同层样品的特性。入射的太赫兹波在样品表面反射,形成反射太赫兹波,而部分太赫兹波入射至样品内部,在第一层样品和第二层样品之间的界面发生第二次反射太赫兹波,可以采集第二次反射的太赫兹波,部分太赫兹波透过第一层样品,进入到第二层样品内部,在第二层样品与空气的界面发生反射,形成第三次反射太赫兹波。根据不同的反射太赫兹波,由时间差异和振幅差异可以计算得到不同层样品的理化特性,如厚度信息。

与透射式相比,反射式 THz‐TDS 系统的要求更高,需要精确控制参考物、样品的位置和角度。每次测量时需保证参考物和样品的位置一致,均要放置于最佳焦距处,且参考物和每个样品的反射角度也要保持一致,位置和角度的偏差将会带来相位差。同时,光路中微小的变动也会引起较大的误差。通常情况下,反射式 THz‐TDS 技术的信噪比要低于透射式 THz‐TDS 技术。虽然采取了一些方法以减小反射模式测量时的相位差,或者不通过相位差来提取特征,但是反射式 THz‐TDS 技术仍不够成熟,且相对于透射模式,反射式 THz‐TDS 技术的研究较少。

6.3.3　太赫兹波信号处理模块

信号从太赫兹波源出发,经过太赫兹信号探测模块,最终将信息传输回到信号处理模块,由计算机对于对采集到的信号进行处理。对于透射和反射脉冲信号,处理方式略有不同。

1. 透射信号处理

透射系统与反射系统的差别仅在于接收和测量的是透射太赫兹脉冲。在太赫兹时域光谱技术中,通过透射获取的光学常数定义:

$$T(f) = \frac{E_{meas}^{sam}(f)}{E_{meas}^{ref}(f)} \qquad (6-27)$$

其中，$E_{meas}^{ref}(f)$ 表示参考信号；$E_{meas}^{sam}(f)$ 表示测量信号，所测量的信号表示为

$$E_{meas}(f) = E_{emit}(f) \cdot P_{bef}(f) \cdot T(f) \cdot P_{aft} \cdot D(f) \quad (6-28)$$

E_{emit} 为发射场，P_{bef} 与 P_{aft} 分别描述在通过样本之前和之后的传播过程中的整形；T 代表在样本中的透射函数；D 是探测器反应函数。在这些函数中，除了 T 之外都是不能简单构建和测量的。由于这个原因，必须进行两次测量，并求取 $E_{meas}^{sam}(f)$ 和 $E_{meas}^{ref}(f)$ 的比值，这样可以将那些未知的函数抵消掉。

2. 反射信号处理

反射系统与透射光谱在装置结构上的差别仅在于前者接收反射脉冲，后者接收透射脉冲。所测的量也很相似，反射比 R 定义为

$$R(f) = \frac{E_{meas}^{sam}(f)}{E_{meas}^{ref}(f)} \quad (6-29)$$

但在这种方法中，太赫兹脉冲光路的微小改变都会极大地影响所得到的折射系数。因为要用实际样本和参考样本进行两次测量，所以在替换样本时不可避免地会造成光路的改变。理论计算和实验证明，太赫兹脉冲入射角 θ 通过 $1/\cos^2\theta$ 影响测得的折射系数，测量误差与频率呈线性关系。当折射系数较高时误差更大。尤其对于有损耗的样本，复折射系数的实部和虚部都将受到样本替换的影响。由于这些问题的存在，反射光谱测量技术并不成熟，目前只有很少几个利用这种方法成功测量复折射系数的例子。

太赫兹时域光谱技术作为最新的太赫兹技术，由于其独一无二的优点，在近十年来已经得到了相当的发展和应用。但是目前 THz-TDS 技术的光谱分辨率与窄波段技术相比还很粗糙，其可以测量的频谱范围也比傅里叶变换光谱（FTS）技术小。提高光谱分辨率和扩大测量频谱范围将是未来 THz-TDS 技术发展的主要方向。

6.4 太赫兹波测厚技术在电网设备中的应用

6.4.1 复合绝缘子硅橡胶太赫兹波测厚

对于电网设备常用的硅橡胶、环氧树脂等绝缘材料，太赫兹波在其中的穿透性很强，具有衰减小的独特优势，使其在绝缘材料无损检测中有明显的应用潜力。

1. 透射式测量

以硅橡胶为例，时域太赫兹透射波在 10 mm 厚度的硅橡胶片与空气中的波形如图 6-19 所示。

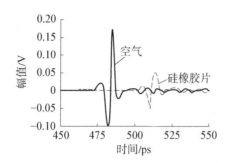

图 6 - 19 空气与硅橡胶太赫兹透射波形

与空气相比,太赫兹信号在穿过硅橡胶后,信号到达接收端更慢,且幅值衰减了一半。由于样品对于太赫兹波的折射率大于空气中的折射率,因此,介质中的太赫兹波速小于空气中的波速,透射式测厚原理如图 6 - 20 所示。

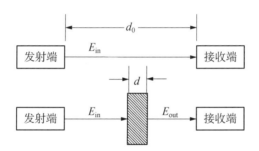

图 6 - 20 透射式太赫兹测厚原理

若太赫兹入射信号与样品之间存在一定的角度,则太赫兹信号将在样品内部产生多次透射与反射,在法布里-珀罗效应下,接收端会接收到多个回波,回波之间存在时延差。对于厚度为 d 的介质,相邻两个回波之间的时延差为 $2d/v$。太赫兹波在不同介质中由于折射率不同,因而在时域波形上会体现为传播速度的差异。假设某一介质对应太赫兹波的折射率为 n,则介质中太赫兹波的传播速度为 $v = c/n$,相邻反射波和透射波之间的时间差为 $\Delta t = 2dn/c$。

选择正峰值的顶点为参考点,对不同厚度样品的透射波时延与厚度进行分析,其基本呈现线性关系,根据测试不同物质的折射率,计算得到相应的厚度。例如硅胶片折射率在 1.90~1.92 之间,环氧玻璃纤维片折射率在 2.20~2.23 之间。

设硅橡胶的厚度为 d,则可以用下式来表示厚度:

$$d = \frac{c\Delta t}{n-1} \tag{6-30}$$

式中，c 为真空中的光速；Δt 为太赫兹波透射检测的时间差；n 为检测样品的折射率；d 为样品的厚度。

2. 反射式测量

太赫兹波在穿过两种介质的界面时会生成反射波，反射波在介质的厚度测量、缺陷检测中有重要应用意义。太赫兹波在 6 mm 厚度的环氧玻纤板中的反射波形如图 6-21 所示。

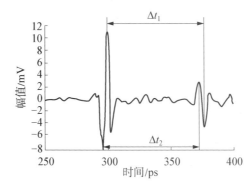

图 6-21　硅橡胶太赫兹反射波形

在图 6-21 中，Δt_1 与 Δt_2 为太赫兹信号的正峰和负峰之间的时间差，参考时间差可以得出被测样本相应的厚度。

太赫兹波在硅橡胶中的反射如图 6-22 所示。

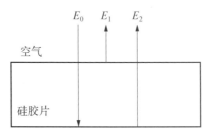

图 6-22　太赫兹波在硅橡胶中的反射

与 6.1.3 节太赫兹波测厚原理中反射式检测材料厚度相同，厚度 d 如式（6-32）表示，根据不同介质中太赫兹信号的传播速度差，在检测端可得到不同的反射信号，依此计算样品厚度。

传播时间差 Δt 为

$$\Delta t = t_1 - t_2 = \frac{2d}{c/n} \tag{6-31}$$

厚度 d 为

$$d = \frac{c\Delta t}{2n} \tag{6-32}$$

与透射检测的方式相同,反射波中两个波峰的时间延迟与介质的厚度近似呈正比。由于多次反射波的幅值存在衰减,对其进行分析,第 2 次反射波与第 1 次反射波幅值比例随厚度变化,若介质厚度增大,第 2 个反射波与第 1 个反射波的幅值比呈现指数规律的减小,在越厚的介质中太赫兹波发生的损耗越大。当材料较厚时,第 2 个反射波在幅值上若有较为显著的衰减,在检测较厚材料中需要考虑波峰的精确定位问题。

3. 测量结果与应用

采用太赫兹反射方法测量的样品厚度与实际厚度的偏差对比分析分别见表 6-2、表 6-3,分别利用反射波正峰和负峰的时延 Δt_1、Δt_2 进行厚度计算,并求取相对误差。

表 6-2　硅胶测量厚度与实际厚度对比

实际厚度/mm	正峰延时/mm	相对误差/%	负峰延时/mm	相对误差/%
1.102	1.131	2.622	1.123	1.909
1.795	1.877	4.566	1.821	1.503
3.041	3.094	1.751	3.047	0.201
6.019	6.047	0.467	7.335	1.582
9.568	9.401	1.750	9.345	2.324

表 6-3　环氧玻纤板测量厚度与实际厚度对比

实际厚度/mm	正峰延时/mm	相对误差/%	负峰延时/mm	相对误差/%
2.995	3.000	0.166	2.932	2.089
5.012	4.973	0.788	4.926	1.722
10.267	10.291	0.229	10.189	0.757
15.300	15.059	1.342	15.000	1.960
20.600	20.770	0.859	20.628	0.137

图 6-23　复合绝缘子芯棒结构

护套　芯棒

表 6-2、表 6-3 的结果中,太赫兹波测量厚度误差最大不超过 0.2mm,相对误差均小于 5%,且误差超过 4% 只出现 1 次,其余误差均低于 3%。依据正峰和负峰时间差求厚度时,其相对误差较为接近。

太赫兹测厚技术除了能够测量平板硅橡胶厚度之外,同时可测量曲面材料厚度,如带绝缘护套设备的护套厚度分析。复合绝缘子护套及其测量分别如图 6-23、图 6-24 所示,绝缘子的护套不均匀程度是表征其产品性能的一个方面,测量护套厚度可分析其芯棒的偏心度。

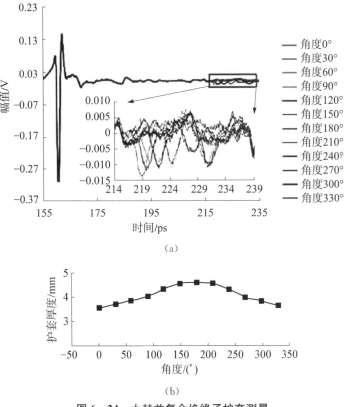

(a)

(b)

图 6-24　太赫兹复合绝缘子护套测量

(a)绝缘子圆周反射测量;(b)绝缘子样品护套均匀性检测

为了表征护套的不均匀程度,参考电缆绝缘偏心度这一概念,其偏心度计算公式为

$$\phi = \frac{d_{\max} - d_{\min}}{d_{\mean}} \times 100\% \tag{6-33}$$

6.4.2　变压器绝缘纸板太赫兹波测厚

随着我国生产建设的高速发展,高压与特高压输电系统已成为我国能源系统的核心组成部分。电力变压器作为输配电系统中的关键角色,其一旦发生故障,将对整个输配电系统造成严重影响,给生产生活带来不可估量的经济损失,所以电力变压器的稳定运行与其绝缘状态的监测与诊断是电力与高压绝缘领域研究的重点与难点。绝缘纸板作为电力变压器内部绝缘的主要结构形式,在设备投入使用之前需对其厚度等数据进行测量。

根据《油浸式电力变压器用绝缘纸板及绝缘件选用导则》(DL/T 1806—2018),对绝缘纸板的厚度相关要求如表 6-4 所示。

表 6-4　绝缘纸板性能(厚度)

序号	性能		要求误差/%		试验方法
	项目	纸板厚度/mm	B. 3. 1. A	B. 3. 1. B	
1		≤1.6	±7.5	±7.5	
2	厚度偏差	1.6≤d≤3.0	±5.0	±5.0	GB/T 19264.2—2013
3		>3.0	±4.0	±4.0	

使用太赫兹波测厚技术对绝缘纸板厚度进行无损测量,选取两种绝缘纸板,平均厚度为 2 mm,每一种纸板测量 10 个样本,如图 6-25 所示。使用太赫兹时域光谱技术,对绝缘纸板进行透射式测量,绝缘纸板 A 的太赫兹时域信号如图 6-26 所示。

图 6-25　绝缘纸板样品

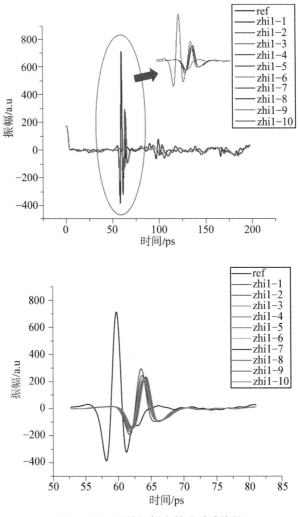

图 6 - 26   绝缘纸板太赫兹时域信号

由图 6 - 26 可知,太赫兹信号在透过绝缘纸板后发生了延迟 Δt 。 因为太赫兹波在介质中的传播速度小于空气,计算空气中的太赫兹参考信号和绝缘纸板的时间差,代入介质厚度模型:

$$d = \frac{c\,\Delta t}{n-1}$$

得到绝缘纸板相应的厚度,表 6 - 5 为太赫兹测量纸板厚度与卡尺测量厚度对比数据。

表 6-5　绝缘纸板厚度测量值

序号	卡尺测量厚度/mm	太赫兹测量厚度/mm	相对误差/%
1	2.09	1.96	3
2	2.01	1.94	4
3	2.04	2.01	2
4	1.90	1.93	2
5	1.95	2.08	6

厚度测试的误差主要原因有测试方法、样品与光路垂直角度误差、样品自身不均匀性等。太赫兹反射波用于厚度检测的优势在于非接触式、非破坏式。在采用合理的校正方案后,太赫兹波可在纸板、涂层测厚和均匀性测量等方面有良好的应用价值。

6.4.3　绝缘子 RTV 涂料太赫兹波测厚

绝缘子室温硫化硅橡胶(room temperature vulcanized silicon rubber, RTV)涂层的涂覆质量是评价其应用效果的重要指标,涂覆施工过程中若引入破损、杂质、脱黏、厚度不均匀或不达标等各种形式的缺陷,将严重影响绝缘子外绝缘性能,给设备安全可靠运行带来隐患,使用太赫兹波对 RTV 厚度测量的精度高且不会加速涂料老化。

根据《绝缘子用常温固化硅橡胶防污闪涂料》(DL/T 627—2018),对于涂料厚度测量的方法使用了切片法,此方法需要将涂料从绝缘子上切割下来,由于手工切割难以保证每一片涂料的完整性,不能精确反映涂料在绝缘子上的实际厚度,所以使用太赫兹波测量 RTV 涂料厚度既精确又方便。

使用 6.1.3 节中提出的传播时间差和 6.3.2 节中太赫兹波信号探测模块中提出的太赫兹透射平台对 RTV 厚度进行测量,得到 6 个样本的太赫兹时域信号,如图 6-27 所示。

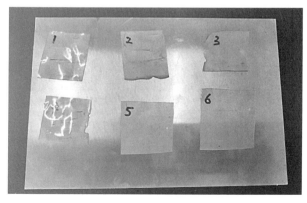

(a)

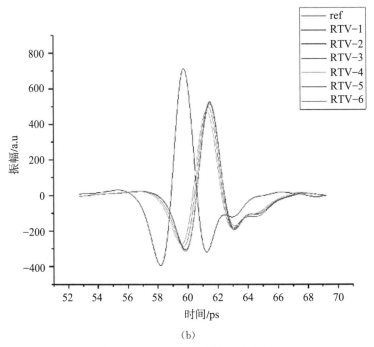

图 6-27　RTV 及其太赫兹时域信号

(a)RTV 样品;(b)RTV 太赫兹时域信号

透射式测量材料厚度公式为

$$d = \frac{c\,\Delta t}{n-1}$$

其中,c 为光速;Δt 为参考信号和样品信号的波峰/谷时间差;n 为材料折射率。计算结果和千分尺结果对比如表 6-6 所示。

表 6-6　RTV 厚度测量对比

序号	千分尺测量厚度/mm	太赫兹测量厚度/mm	相对误差/%
1	0.339	0.348	3
2	0.319	0.331	4
3	0.340	0.338	1
4	0.346	0.347	1
5	0.337	0.342	3

DL/T 627—2018 中规定绝缘子 RTV 涂料厚度一般不小于 0.3mm,涂料厚度过

低其绝缘性能将大打折扣,使用太赫兹测厚技术能快速测量。RTV 涂层防污秽闪络的能力与其厚度相关。长期运行后受运行工况、高电场强度、高温高湿度、酸雨等各种条件影响,RTV 涂层的厚度会发生变化而呈现不均匀性,甚至起皮和粉化,从而影响其运行性能。对长期运行的 RTV 涂层进行厚度测量,有利于实时监测其运行状况,为输电线路维护提供策略支持。

6.4.4　其他工业材料太赫兹波测厚

1. 工业用纸太赫兹波厚度测量

在工业现场中纸页检测方法主要可分为非接触式和接触式。常见的厚度检测有超声测厚、涡流测厚、红外测厚、射线测厚。不同的测厚方法都有它的缺点和优点(见表 6-7)。在表 6-7 中介绍了每种方法的检测原理、实现途径、优点和缺点,这些方法在国内外的造纸厂中被广泛应用。

表 6-7　厚度测量技术对比

	涡流测厚	磁感应测厚	超声测厚	太赫兹测厚
非接触	否	否	是	是
基底要求	导电基底	导磁基底	无	无
精度	$\pm 1\%$	$\pm 1\%$	$\pm 3\%$	高精度
支持多层结构	否	否	是	是
缺陷检测	否	否	是	是
成本	低	低	高	高
便携性	便携	便携	非便携	非便携

目前传统的测量纸页厚度的方法都具有一定的潜在缺陷。例如,X 射线和 β 射线对人体存在电离辐射,长期工作在电离辐射的环境对人体的机能会产生严重后果;超声传感检测需要在纸表面添加耦合剂,破坏纸页的表面特性,除此之外直接用卡尺接触纸张测量,可能会对产品质量产生不利影响。

利用太赫兹技术检测纸页厚度参数具有简便快速、非接触、实时在线测量等优点。太赫兹传感器能够对纸页厚度监测技术提供稳定和精确的传感,太赫兹辐射具有非电离性质,纸页在太赫兹频率波段基本上是透明的,并且太赫兹具备较高的信噪比和较短的时间脉冲长度,所以太赫兹技术成为纸张非接触式厚度测量的理想检测手段。

对样品进行测量之前需要确保以下 3 点:

（1）测量的样品材质要满足一致性，这保证样品的材料参数在空间和方向是保持不变的。

（2）与待测样品上下表面接触的介质要保持各向同性，在样品表面保持平整且上下表面要平行。

（3）太赫兹信号的入射方向要与样品表面保持垂直方向。

太赫兹信号在纸张中的传播过程如图 6-28 所示。

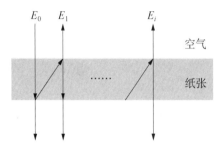

图 6-28 太赫兹信号在纸张中的传播过程

纸张的吸收系数如下：

$$\alpha(w) = \frac{2wk(w)}{c} \tag{6-34}$$

太赫兹是一种电磁波，所以当太赫兹信号和样品接触时，满足菲涅耳定理，太赫兹信号在空气和样品中的反射和透射如下：

$$R_0 = \frac{n_1 - n_0}{n_1 + n_0} \tag{6-35}$$

$$T_0 = \frac{2n_1}{n_1 + n_0} \tag{6-36}$$

式中，R_0 为反射系数，T_0 为折射系数。

传播系数表示为

$$P(d) = \exp\left(\frac{-jwn_1z}{c_0}\right) \tag{6-37}$$

式中，c_0 表示光速。与初始的太赫兹信号 E_0 相比，经过厚度为 $P(d)$ 纸张的太赫兹信号 $E(i)$ 的函数形式为

$$E(i) = E_0 P(d) \tag{6-38}$$

在利用反射式太赫兹时域光谱系统对纸张厚度进行测量时，纸张样品和基底之

间会存在一定的空隙。针对这一问题,Mechelen J M 等提出了包含空气层的多层结构中太赫兹信号的传播模型,利用该模型可以同时测量纸张的厚度及折射率。实验结果表明,利用测得的折射率可以对多种类型的纸张进行鉴定,厚度测量结果与传统机械式测量方法表现出了良好的一致性。

水对于太赫兹波具有强烈的吸收作用,当样品含水量较高时,太赫兹波幅值衰减较为明显。因此,根据太赫兹脉冲经过纸张样品后的幅度衰减程度也可以对纸张的干燥过程进行监控。

2. 热障涂层太赫兹波厚度测量

热障涂层(thermal barrier coatings,TBC)具有耐高温、防腐蚀、耐磨和导热率低等特点,被广泛应用于航空发动机及燃气轮机中涡轮叶片的热防护,是涡轮叶片的关键技术之一。热障涂层是一种陶瓷涂层,主要结构包括陶瓷层、黏结层及合金基体层,其中陶瓷层的厚度直接影响热障涂层的热障效果。而且在服役过程中,由于热循环载荷、冲刷腐蚀等因素,热障涂层还会减薄甚至脱落,严重时甚至导致涡轮叶片损毁,所以对热障涂层陶瓷厚度的有效检测是无损检测的重要研究内容。

热障涂层由陶瓷层、黏结层、合金基底层三部分组成,其中陶瓷层材料一般为钇稳定氧化锆(YSZ),黏结层材料一般为抗氧化耐磨MCrAlY 金属。入射热障涂层的太赫兹波可在空气与陶瓷层界面发生反射和透射,透射后可继续传播至黏结层。由于金属导电性良好,对电磁波近乎全反射,透射的太赫兹波在陶瓷层与黏结层界面发生近乎全反射,因此太赫兹检测信号无法传播至合金基底层,仅在陶瓷层内传播。本部分以垂直入射太赫兹波为检测信号,仅考虑太赫兹波实际作用部分,忽略热障涂层的合金基底层,太赫兹波传播路径如图 6 - 29所示。

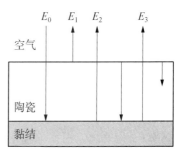

图 6 - 29　热障涂层太赫兹传播路径

图 6 - 29 中,E_0 为入射太赫兹波,在空气与陶瓷层界面发生反射和透射,反射波形成第 1 次回波 E_1,透射波在黏结层发生全反射传播至陶瓷层与空气界面,透射部分形成第 2 次回波 E_2,反射部分重新传播至黏结层重复上述过程,形成第 3 次回波 E_3 及后续更高次回波。4 次及以上的高次回波在实际应用中受到涂层厚度、传播衰减等因素影响难以检测到,因此实际应用中主要采用前 3 次回波 E_1、E_2、E_3。

在太赫兹波垂直入射条件下,热障涂层厚度计算的数学模型为

$$d = \frac{c\,\Delta t}{2n} \tag{6-39}$$

其中，d 为陶瓷的厚度；c 为光速；Δt 为两次回波的间隔时间；n 为陶瓷的折射率。

使用光导电技术对材料厚度进行检测，一般采用在半导体基底上方安装两个电极，太赫兹信号发生装置如图 6-30 所示。

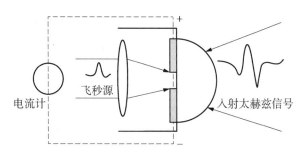

图 6-30 太赫兹信号发生装置

光电导天线检测太赫兹信号的原理：将飞秒泵浦光发射到探测天线电极上并产生偏置电场，太赫兹波入射到光电导天线上形成载流子，载流子在偏置电场作用下向两级定向移动形成电流，通过电流计等装置测量电流大小即可获得太赫兹电场时域变化曲线，该电流强度与太赫兹场的强度正相关，因此太赫兹时域信号幅值直接反映了太赫兹场强大小。

垂直入射样品的太赫兹信号为

$$E_0 = A_0 \exp[\mathrm{i}(z - \omega t)] \tag{6-40}$$

式中，E_0 为入射太赫兹波电场；A_0 为太赫兹波电场振幅；z 为初始空间位置；ω 为角频率；t 为时间。根据菲涅尔定理可知

$$\frac{E_1 E_2}{E_2^2} = \frac{r_{01} r_{10}}{t_{01} t_{10}} \tag{6-41}$$

r_{01}、t_{01} 为由空气层入射陶瓷层的反射率和折射率；r_{10}、t_{10} 为由陶瓷层入射空气层的反射率和透射率。计算得到陶瓷折射率为

$$n_1 = (2X + 1) \pm \sqrt{(2X + 1)^2 - 1} \tag{6-42}$$

由上式可得，测厚数学模型为

$$d = \frac{c \Delta t}{2\left[(2X + 1) \pm \sqrt{(2X + 1)^2 - 1}\right]} \tag{6-43}$$

由于钇稳定氧化锆材料折射率分布区间在 4～6 之间，上式可取加号，为

$$d = \frac{c\,\Delta t}{2\left[(2X+1)+\sqrt{(2X+1)^2-1}\right]} \tag{6-44}$$

3. 有机涂层多层材料的太赫兹波厚度测量

有机涂层的厚度对防护涂层性能有很大影响,间接对材料利用率和装备结构寿命起到重要作用,是涂层涂装过程中涂层质量监控与质量评价的一个关键参数。

太赫兹波对大多数非极性材料呈现接近透明的特征,当太赫兹脉冲入射到不同材料介质中时,由于各介质群折射率的不连续性,脉冲在介质界面处发生反射,形成了具有不同飞行时间的反射脉冲,如图 6‑31、图 6‑32 所示。

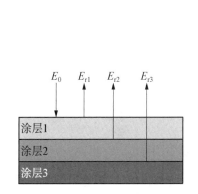

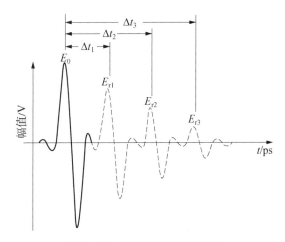

图 6‑31　太赫兹波在多层材料中反射　　　图 6‑32　多层材料传播时间差

根据太赫兹波在多层介质中的传播理论,可得单层样品的太赫兹回波信号为

$$E_0(t) = \sum_{i=1,2} E_{ri}(t) = \sum_{i=1,2} k_i E_{ri}(t+\Delta t_i) \tag{6-45}$$

双层样品信号为

$$E_0(t) = \sum_{i=1,2,3} E_{ri}(t) = \sum_{i=1,2,3} k_i E_{ri}(t+\Delta t_i) \tag{6-46}$$

式中,E_{ri} 代表第 i 个反射信号;Δt_i 代表第 i 个反射信号和入射信号 E_0 之间的时间差,则定义误差 δ 为

$$\delta = \sum_j (E_t(j) - E_m(j))^2 \tag{6-47}$$

式中,E_t 为电磁波穿过样品后的信号,E_m 为没有样品时的参考信号。

根据菲涅尔定理,得到 $E_0(t)$ 中的系数分别为

$$k_1 = r_{12}$$

$$k_2 = t_{12} r_{23} t_{21}$$

E_m 为实际测量太赫兹信号，根据传播时间原理，可得厚度数学模型，其中 c 为真空中的光速，n_i 为第 i 层材料的折射率：

$$d_i = \frac{\Delta s_i}{2n_i} = \frac{c\Delta T_i}{2n_i}$$

$$\Delta T_i = \Delta t_i - \Delta t_{i-1}$$

根据材料折射率以及 6.1.3 节中提出的测厚公式 $d = \dfrac{c\Delta t}{n-1}$，由 Δt 的值则可以计算多层材料中每一层材料的厚度。

第 7 章　其他覆盖层测厚技术

覆盖层测厚技术有很多种,除了前述提到的涡流法、磁性法、X 射线荧光法、太赫兹波法等以外,还有双光束显微镜(光切)法、β射线反向散射法、显微镜(光学)法、裴索多光束干涉法、轮廓仪(触针)法、扫描电子显微镜法、溶解法等,其中溶解法又包括重量(剥离和称重)法和重量(分析)法、库仑法。在电网设备覆盖层厚度测量技术应用中,作为相关各方对测量结果有异议时常见的仲裁试验方法有横断面显微法(即显微镜法,用于镀银层厚度的仲裁试验)和称量法(即溶解称重试验方法或称重法,用于镀锌层附着量的仲裁试验),这两种覆盖层测厚技术也是本章讲解的重点。

7.1　横断面显微法测厚技术

为了使金属部件达到某种特殊的性能,需要对其表面进行某种特殊的处理,如采用渗碳、渗氮、渗铬、喷丸等技术以提高金属部件的耐磨性和表面硬度,或者采用镀锌、镀银等技术以提高金属部件的耐腐蚀性能和导电性等。除了前述章节所述厚度测量技术对象是电网设备基体及表面覆盖层的镀锌、镀银外,还有脱碳层等。

所谓脱碳,是指钢表层的碳损失,是在热加工、热处理等过程中产生的,脱碳后钢铁的表面强度下降、材质劣化。

脱碳包括完全脱碳和部分脱碳。完全脱碳是指钢样表层碳含量低于碳在铁素体中的最大溶解度,在这种情况下完全脱碳层中只有铁素体存在。从钢表面到碳含量等于基体碳含量的那一点的距离称为总脱碳层,即部分脱碳(也称不完全脱碳)和完全脱碳之和。

在电网设备中,对于导体镀银层厚度存在异议时,以及对地脚螺栓螺纹脱碳层深度的测量等常采用横断面显微法测厚技术。

7.1.1　横断面显微法测厚原理

横断面显微法测厚原理:检测时,从被检部件上截取试样,镶嵌,对横断面进行研磨、抛光和浸蚀,使用光学金相显微镜,采用经过校准合格的标尺,测量横断面覆盖层的厚度。由于采用该方法所使用的仪器主要是光学金相显微镜,故又称为金相法厚度测量。使用光学金相显微镜获得的成像质量直接影响了覆层厚度检测结果的准确性,因此,本部分内容主要介绍常用光学金相显微镜的成像原理和主要技术参数。

1. 成像原理

最简单的光学金相显微镜由两个透镜组成,即物镜和目镜。光学金相显微镜是经过两次成像的光学仪器。

将物体进行第一次放大的透镜组称为物镜,将物镜所成的实像再进行第二次放大的透镜组称为目镜。显微镜的基本成像原理如图 7-1 所示。

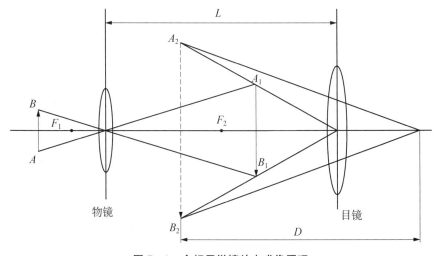

图 7-1　金相显微镜放大成像原理

图 7-1 中,物镜的焦点为 F_1,目镜的焦点为 F_2,L 为光学镜筒长度,D 为人的明视距离,取值为 250 mm。

当物体 AB 位于物镜的焦点 F_1 以外,经物镜放大而成为倒立的实像 A_1B_1,而 A_1B_1 正好落在目镜的焦点 F_2 之内,经目镜放大后成为一个正立放大的虚像 A_2B_2,则两次放大倍数各为

$$M_物 = A_1B_1/AB$$

$$M_目 = A_2B_2/A_1B_1$$

$$M_总 = M_物 M_目 = A_1B_1/AB \cdot A_2B_2/A_1B_1 = A_2B_2/AB$$

即显微镜总的放大倍数等于物镜的放大倍数乘以目镜的放大倍数。目前普通光学金相显微镜的最高有效放大倍数为 1 600～2 000 倍。

2．主要技术参数

光学金相显微镜的主要技术参数包括数值孔径、分辨率、放大倍率、显微镜有效放大倍率、焦深、工作距离与视场直径、视场亮度等。这些主要技术参数并不都是越高越好，它们之间是相互联系又相互制约的，每个参数都有它本身一定的合理界限，需根据检测目的和实际情况来协调各参数的关系，但应以保证观察者需要的分辨率为基准。

1）数值孔径

数值孔径是物镜孔径角半数正弦值与物镜和观察物介质之间介质折射率的乘积。数值孔径是物镜和聚光镜的主要技术参数，是判断两者（尤其对物镜而言）性能高低的重要标志。其数值的大小标刻在物镜和聚光镜的外壳上。

物镜数值孔径表示物镜的聚光能力，标志着物镜分辨率的高低，也决定了显微镜分辨率的高低。物镜对试样上各点的反射光收集得越多，成像质量越高。

数值孔径用 NA 表示，并用下列公式进行计算，如图 7-2 所示。

$$NA = n\sin\Phi \tag{7-1}$$

式中，n 为物镜与观察物介质之间的折射率；Φ 为物镜的孔径半角。

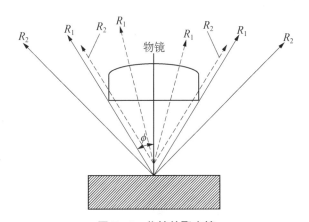

图 7-2 物镜的聚光镜

物镜的 NA 值越大，物镜的聚光能力越强，其分辨率越高。由式（7-1）可知，提高数值孔径有两个途径：

（1）通过增大透镜直径或减小物镜焦距，获得较大的孔径半角 Φ，但会导致像差并增加制造难度，实际上 $\sin\Phi$ 的最大值只能达到 0.95。

（2）提高物镜与观察物介质之间的折射率 n。空气中 $n=1$，NA=0.95。常用物镜镜油中 $n=1.515$，NA=1.40。

随着物镜镜油技术不断改进,目前物镜的最大数值孔径可达到 NA＝1.70。

数值孔径与其他技术参数有着密切的关系,与分辨率成正比,与放大率(有效放大率)成正比,与焦深成反比。NA 值增大,视场宽度与工作距离都会相应地减小。

为了充分发挥物镜数值孔径的作用,在观察时,聚光镜的 NA 值应等于或略大于物镜的 NA 值,在显微照相则应小于物镜的 NA 值。

聚光镜的类型不同,其 NA 值的大小也不一样,一般为 0.05～1.4,可通过调节孔径光阑的大小改变 NA 值,以获得与物镜 NA 值相匹配的使用效果。

2) 分辨率

分辨率又称"鉴别率"、"解像力"或"分辨本领",是衡量显微镜性能的重要技术参数之一。

物镜的分辨率是指物镜能区分两个物点间最小距离的能力,用 σ 表示。

$$\sigma = \frac{0.61\lambda}{NA} \tag{7-2}$$

式中,λ 为所用光源的波长。

由式(7-2)可知,波长越短,分辨率越高。入射光波长一定时,物镜分辨率取决于物镜数值孔径,数值孔径越大,分辨率越高。

提高分辨率的途径如下:

(1) 使用短波长光源,降低波长值 λ。

在用可见光(如卤素灯或钨丝灯)做光源时,可加蓝色滤光片以吸收长波中的红、橙光,使波长接近于平均波长,以利于观察。

紫外光显微镜利用波长 0.275 μm 的单色紫外光作为光源,使 σ 值减少至 0.22 μm,分辨率至少是可见光的两倍。

电子显微镜利用电子束作为光源,其波长更短,σ 值仅为几十个纳米。

(2) 增加物镜与观察物介质之间的折射率(n 值)可有效降低 σ 值,提高分辨率。

(3) 增大孔径半角(Φ),在使用过程中,物镜孔径半角已经确定,故此项措施难以应用。

观察时,可通过图像采集软件,调整对比度,增加明暗反差,提高图像清晰度。

3) 放大倍率

放大倍率即放大倍数,是指被观察物体经物镜和目镜放大后,所观察到的图像大小与原物体大小的比值,即物镜和目镜放大倍数的乘积。物镜和目镜的放大倍数均标刻在其外壳上。

(1) 物镜放大倍率。

物镜放大倍率是指通过物镜对物体放大的能力,用 M_o 表示。物镜放大倍率取决于物镜组的焦距,也与光学镜筒长度有关。

$$M_0 = \frac{L}{f} \qquad\qquad (7\text{-}3)$$

式中,f 为物镜焦距;L 为光学镜筒长度。

由式(7-3)可知,镜筒长度变化,放大倍率会随之变化,成像质量也会受到影响。因此,使用显微镜时,不能任意改变镜筒长度。

国际上将显微镜的标准镜筒长度定为 160 mm,标刻在物镜的外壳。

物镜放大倍率一般为 2.5×、5×、10×、20×、40×、50×、100×。

(2) 目镜放大倍率。

目镜放大倍率可由下列公式计算:

$$M_e = 250/f \qquad\qquad (7\text{-}4)$$

式中,250 为人的明视距离,单位为 mm;f 为目镜的焦距。

目镜放大倍率一般为 5×、10×、12.5×、20×。

4) 显微镜的有效放大倍率

物镜的分辨率被充分利用时,所对应的放大倍率称为光学金相显微镜的有效放大倍率。

有效放大倍率可由以下关系推导:

人眼的明视距离 250 mm 处的分辨能力为 0.15~0.30 mm,因此需将物镜分辨率 σ 经显微镜放大后达到 0.15~0.30 mm,方可被人眼分辨。

以 M 表示显微镜放大倍率,则

$$\sigma \cdot M = 0.15 \sim 0.30 \text{ mm}$$

又因

$$\sigma = \frac{0.61\lambda}{\text{NA}}$$

所以

$$M = (0.246 \sim 0.5)\frac{\text{NA}}{\lambda} \qquad\qquad (7\text{-}5)$$

采用黄绿光波时,$\lambda = 550$ nm,则 $M_{有效} = (500 \sim 1000)\text{NA}$。

有效放大倍率确定后,即可正确地选择物镜与目镜的配合,以充分发挥物镜分辨率,避免造成虚假放大。

5）焦深

焦深又称垂直分辨率或景深，是指物镜清晰分辨高低不平物体的能力，与物镜数值孔径成反比，物镜数值孔径越大，焦深越小。

对于光学金相显微镜来说，放大倍率很高时，焦深很小，几乎是一个平面，这就是把金相试样观察面制备成平坦表面的原因。当使用显微镜进行高倍观察时，由于焦深较小，只能清晰观察高低差较小的金相试样表面形貌。因此，高倍观察所用的试样应浅浸蚀。

显微镜焦深的计算公式为

$$D = \frac{K \cdot n}{M \cdot \mathrm{NA}} \qquad (7-6)$$

式中，K 为常数，约为 $240\,\mu\mathrm{m}$；n 为物镜与观察物介质之间的折射率；M 为显微镜有效放大倍率；NA 为物镜数值孔径。

由式（7-6）可知，焦深与显微镜有效放大倍率及物镜数值孔径值成反比，显微镜有效放大倍率越高，数值孔径值越大，焦深则越小。

因此，当使用高倍物镜并在高分辨率下观察时，由于焦深小，必须运用细调焦装置上下调节，观察被检物体的全层，以弥补焦深小的缺陷；也可采用焦深扩展或不同深度层图像的合成技术，获得多层或全层清晰图像。在进行显微摄影时，应当尽量利用焦深大的物镜，如 $40\times$物镜，数值孔径有 0.65、0.70、0.85、0.95 4 种类型，观察时，选用 NA 为 0.95 的物镜，可得到好的观察效果；而图像采集或照相时，可根据试样的组织情况适当选用 NA 值较小的物镜，以获得比前者焦深大的效果。

6）工作距离与视场直径

工作距离是指被观察试样表面到物镜镜头表面之间的距离。物镜放大倍率越高，工作距离越短。

视场直径也称为视场宽度或视场范围，是指所观察到试样表面区域的大小。标准镜筒长度下视场直径可由下式获得：

$$\phi = \frac{\mathrm{FN}}{M_0} \qquad (7-7)$$

式中，ϕ 为视场直径；FN 为视场数；M_0 为物镜放大倍率。

视场直径与物镜放大倍率成反比，与视场数成正比。

视场数在设计光学系统时已确定，视场数越大，制造难度越大。视场数标刻在目镜的镜筒外侧或端面上。不同厂家的目镜和不同类型的目镜，视场数不同。目镜放大倍率越高，视场数越小。

增大物镜放大倍率，视场直径将会减小。因此，在放大倍率较低的物镜下，可以观察到被检试样的全貌,在放大倍率较高的物镜下,能观察到的被检试样区域较小。

　　7) 视场亮度

　　视场亮度是指显微镜下整个视场的明暗程度。视场亮度与目镜、物镜参数有关,还受聚光镜、光阑和光源因素的影响。观察时应调节光源,使视场亮度适宜,以获得清晰的图像。

7.1.2　横断面显微法测厚设备及器材

　　横断面显微法测厚的仪器主要是光学金相显微镜。此外,在试样制备过程中,还需要用到的设备和耗材包括热压镶嵌机、热镶嵌料、冷镶嵌料、胶膜、研磨抛光机、砂纸、机械抛光织物、抛光剂(粉、膏)、敷料镊、脱脂棉、无水乙醇、化学浸蚀试剂、电吹风及定性滤纸等。

　　1. 光学金相显微镜

　　1) 分类

　　按照光路和被观察试样表面的取向不同,光学金相显微镜分为正置式和倒置式两种类型,如图 7-3 所示。正置式显微镜的物镜朝下,倒置式显微镜的物镜朝上。

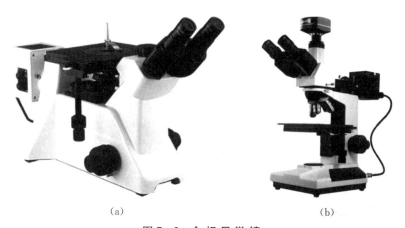

(a)　　　　　　　　　　　　　　　　　　　(b)

图 7-3　金相显微镜

(a)倒置式;(b)正置式

　　按功能与用途可分为初级型、中级型和高级型。初级型,具有明场观察功能,结构简单,体积小,重量轻;中级型,具有明场、暗场、偏光观察和摄影功能;高级型,具有明场、暗场、偏光、相衬、微差干涉衬度、干涉、荧光、宏观及高倍摄影、投影、显微硬度测试、高温分析与图像处理等功能。

　　2) 构造

　　光学金相显微镜结构一般包括照明系统、光路系统、机械系统与图像采集系统。

（1）照明系统。主要包括光源、照明方式等。可根据不同的研究目的，调整、改变采光方式，完成光线行程转换。

光源。光学金相显微镜类型不同，光源装置也有所区别，一般采用人造光源，借助棱镜或其他反射方法使光线投射在试样表面，部分反射光线进入物镜，经光路系统放大成像。

光源应稳定、强度高、均匀，分光特性适宜，在一定范围内可调节，发热程度不宜过高，一般采用安装在反射灯室内的卤素灯。目前，常用光源的照明功率为 30 W、50 W，高级型则多采用 100 W 的卤素灯。

照明方式。有临界照明与柯勒照明两种。目前，新型显微镜一般采用柯勒照明。

（2）光路系统。目前工程检测用光学金相显微镜一般采用倒置式，其光路系统的主要部件包括集光镜、聚光镜、分光镜、反光镜、管镜、棱镜胶合组、平晶、斜方棱镜等。

（3）机械系统。主要包括底座、载物台、粗调旋钮和细调旋钮等。

（4）图像采集系统。指在光学金相显微镜上附加的图像采集装置，可利用处理软件对采集的图像进行测量、分析、评级等。

2. 热压镶嵌机及热镶嵌料

热压镶嵌机及热镶嵌料用于试样热镶嵌。按操作方式热压镶嵌机可分为半自动式（手动）和全自动式，其主要结构包括加热、加压、钢模和冷却装置。常用热镶嵌机及热镶嵌料如图 7-4 所示。

（a）   （b）   （c）

图 7-4　热压镶嵌机及热镶嵌料

（a）半自动式；（b）全自动式；（c）热镶嵌料

常用热镶嵌料有热固性材料和热塑性材料。常用热固性材料有酚-甲醛树脂及酚-醛树脂等，常用热塑性材料有丙烯酸、聚氯乙烯及聚苯乙烯等。热压镶嵌后的试样如图 7-5 所示。

(a)　　　　　　　(b)

图 7-5　热压镶嵌后的试样

(a)使用酚-醛树脂;(b)使用丙烯酸

3. 冷镶嵌料及胶膜

冷镶嵌料及胶膜(见图 7-6)用于试样冷镶嵌。

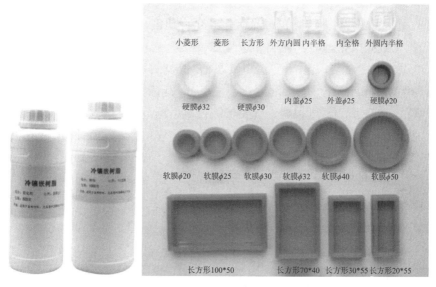

图 7-6　冷镶嵌料及胶膜

冷镶嵌法的反应方程式:环氧树脂+固化剂=聚合物(放热)。

固化剂主要是胺类化合物,添加应适量。用量过多会使聚合反应迅速终止,降低聚合物的相对分子质量,使强度降低,也会因放热过多造成镶嵌料温度过高;用量过少,则固化不能充分进行。

常用的固化剂配方为环氧树脂 90 g 和乙二胺 10 g,还可加入少量增塑剂(如邻苯二甲酸二甲酯)以提高其韧性。也可以采用医用牙托粉配合牙托水来进行冷镶嵌。

冷镶嵌后的试样如图 7-7 所示。

图 7-7　冷镶嵌后的试样

4. 研磨抛光机、砂纸、机械抛光织物、抛光剂(粉、膏)

研磨抛光机配合各种粒度的砂纸可用于试样研磨,配合机械抛光织物及抛光剂(粉、膏)用于试样抛光。

研磨抛光机主要结构包括磨盘、电动机、转速控制系统和冷却装置,按照操作方式可分为手动式和半自动式,按照磨盘数量可分为单盘式和双盘式。磨盘转速一般为 50～500 rpm(r/min),可根据试验要求进行自由调节。半自动式设备可配合空气压缩机对试样施加适当压力,使被检测面与磨盘有效贴合。双盘手动式研磨抛光机如图 7-8 所示。

研磨用砂纸粒度编号一般为 120 号、180 号、240 号、320 号、400 号、500 号、600号等。砂纸背面一般带有背胶,可将其粘贴在研磨抛光机磨盘上,随磨盘一起转动对试样进行研磨。砂纸如图 7-9 所示。

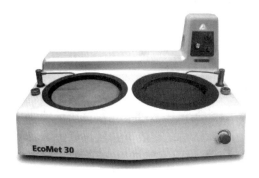

图 7-8　双盘手动式研磨抛光机

图 7-9　砂纸(120 号、240 号、400 号)

抛光用机械抛光织物包括棉制品(帆布)、毛制品(呢)、丝制品(绸)、麻制品(绒)、化纤制品(涤纶、尼龙)等。

抛光剂(粉、膏)包括 Al_2O_3、Cr_2O_3、Fe_2O_3、MgO 等细粉制成的悬浮液,或 SiC、金刚砂(石)制成的悬浮液(膏状物)等。

机械抛光织物背面一般带有背胶,可将其贴在研磨抛光机磨盘上,随磨盘一起转动,对试样进行抛光。抛光时需将抛光剂(粉、膏)喷洒或者滴在抛光织物上,以提高抛光效率及效果。如采用抛光膏,需要提前使用水或者无水乙醇等溶剂将其稀释。

抛光剂粒度一般有 $0.5\,\mu m$、$1\,\mu m$、$2\,\mu m$ 和 $5\,\mu m$ 等。较软金属试样(如铝、纯铜等)抛光时,使用抛光剂粒度可使其由粗到细至 $0.5\,\mu m$;较硬金属试样(如钢铁材料)抛光时,使用抛光剂粒度由粗到细至 $2\,\mu m$ 即可。机械抛光绒布及金刚石喷雾抛光剂如图 7 - 10 所示。

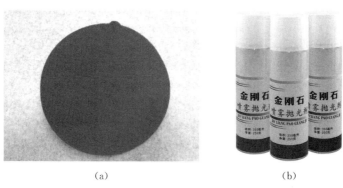

(a)　　　　　　　　　　　　　(b)

图 7 - 10　机械抛光绒布及金刚石喷雾抛光剂

(a)机械抛光绒布;(b)金刚石喷雾抛光剂

5. 敷料镊、脱脂棉、无水乙醇以及化学浸蚀试剂

敷料镊、脱脂棉、无水乙醇以及化学浸蚀试剂等可用于试样浸蚀及清洗。敷料镊、脱脂棉如图 7 - 11 所示。

图 7 - 11　敷料镊、脱脂棉

常用的浸蚀剂如表 7-1 所列。

表 7-1 常用的化学浸蚀剂

序号	浸蚀剂	成分	适用范围
1	氯化铁盐酸无水乙醇溶液	六水合三氯化铁 10 g 盐酸 2 mL	用于钢铁、铜及铜合金上的金、铅、银、镍覆层
2	硝酸冰醋酸溶液	硝酸 50 mL 冰醋酸 50 mL	用于钢和铜上的多层镍覆层的单层厚度测量，通过显示组织区分每一层镍
3	硝酸氢氟酸水溶液	硝酸 5 mL 氢氟酸 2 mL 蒸馏水 93 mL	各种铸铁、碳钢、低合金钢等，显示珠光体、马氏体、贝氏体、淬火钢中的碳化物
4	铬酸-硫酸钠水溶液	铬酐 20 g 硫酸钠 1.5 g 蒸馏水 100 mL	用于锌合金上的镍和铜覆层，也适用于钢铁上的锌和镉覆层
5	硝酸酒精溶液	每 100 mL 溶液中，硝酸 1～4 mL，余量为无水乙醇	钢样脱碳层厚度检测

7.1.3 横断面显微法测厚通用工艺

横断面显微法测厚通用工艺是根据被测对象、测厚要求及相关测厚标准要求制定的，主要包括取样、镶嵌、研磨和抛光、浸蚀、观察和测量、结果评定、记录与报告等。

1. 取样

取样时的注意事项：①横断面应垂直于覆盖层；②横断面表面要平整，测量时，所观察到整个宽度的图像应可同时聚焦；③应去除切割和制备横断面时所引起的变形或覆盖层脱落部分；④横断面上基体与覆盖层的界线应清晰。

2. 镶嵌

镶嵌过程中，应确保基体及覆盖层的显微组织不受影响（如机械变形及过热）。脱模后的镶嵌料应与试样有相近的硬度和耐磨性，以避免试样边缘在后续制备过程中损伤。镶嵌法一般分为热压镶嵌法和冷镶嵌法。

1）热压镶嵌法

热压镶嵌法又称为热镶嵌法，是将试样和镶嵌料一起放入镶嵌机钢模内，通过加热、加压、冷却，使镶嵌料软化、凝固、脱模成型的方法。

应按设备操作说明和热镶嵌料参数，设定加热温度、加热时间及冷却时间。镶嵌时将被检试样表面向下平放在钢模上，在钢模内放入适量热镶嵌料，紧固顶压螺杆至压力指示灯亮。加热过程中,热镶嵌料逐渐软化,压力指示灯熄灭时,应紧固顶压螺杆至指示灯重新亮起。工作完成后,卸载顶压螺杆,取出镶嵌好的试样。

2)冷镶嵌法

冷镶嵌法适用于不允许加热、较软或熔点低、形状复杂、多孔性的试样等,或在没有热镶嵌设备的情况下应用。

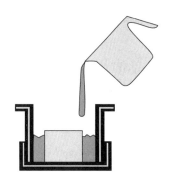

应按冷镶嵌料说明进行配比并搅拌均匀,将被检试样表面向下平放入胶膜内,注入冷镶嵌料,凝固后即可脱模。冷镶嵌操作如图7-12所示。

3.研磨和抛光

研磨和抛光时,应始终保持横断面与覆层垂直。

图7-12　冷镶嵌操作示意

1)研磨

研磨前,可在镶嵌好的试样边缘上做参考标记,以便测定横断面倾斜度。

研磨应选用粒度合适的砂纸,使用水或无水乙醇等润滑剂,施加适当压力防止试样横断面倾斜、变形。研磨初期应选用100号或180号砂纸,使试样真实的轮廓显现出来,并除去变形部分。然后依次使用240号、320号、500号、600号等砂纸进行研磨,每次时间不宜超过30 s,每更换一次砂纸应使研磨方向改变约90°。

2)抛光

抛光时,在抛光织物上配合粒度适宜的抛光剂(粉、膏),抛光时间为2~3 min,以消除划痕。

制备较软的试样时,研磨过程中砂纸砂粒容易嵌入试样表面,在研磨过程中应将砂纸全部浸入润滑剂,或增大润滑剂流动速度,以减少砂粒嵌入量。

如砂粒已嵌入,可在研磨后,采用短时间的轻微手工抛光,或进行浸蚀、抛光交替循环处理,重复若干次,直至砂粒全部去除为止。

4.浸蚀

使用水或无水乙醇清洗被检测面。用敷料镊夹住脱脂棉,蘸取3~5 mL化学浸蚀试剂,均匀擦拭被检测面,被检测面逐渐失去光泽。适当的浸蚀时间后,应立即使用水或无水乙醇再次清洗被检测面,并用滤纸吸干或用吹风机吹干。

覆盖层厚度检测时,可采用浸蚀的方法提高基体与覆层的反差,对于两种反差本来就比较大的金属(如铜和银),则不需要浸蚀。

钢样脱碳层厚度检测时,浸蚀时间不宜过长,5~10 s即可。

5.观察和测量

1)观察和测量

将被检测面放置于光学金相显微镜下,采用较低放大倍率(50×~200×)观察试样表面。待测厚度区域宜在视场中心附近,且其周围应无可能对测量结果产生影响的密集性划痕、麻点等。

将光学金相显微镜调节至较高放大倍率(400×~1 000×),选用的放大倍率应满足视场宽度为待测厚度的 1.5~3 倍。

使用图像采集系统对整个视场进行图像采集,利用分析软件中内置的标尺(已校准合格)对图像中的待测厚度进行测量。调整标尺与两种金属的界面线保持垂直,在视场中随机选取 5 个点进行测量,计算平均值作为测量结果。覆层测量结果重现性应该在 2% 或 0.5 μm 中较大的一个数值以内。

2)测量结果的影响因素

横断面显微法测量结果的不确定度的影响因素很多,主要有表面粗糙度、横断面的垂直度、覆盖层变形、覆盖层边缘倒角、浸蚀、放大倍率、载物台测微计的校正、测微计目镜的校正、对位、放大倍率的一致性、目镜方位等。

(1)表面粗糙度。覆盖层或基体表面较粗糙时,覆盖层和基体间的界线或覆盖层外表面界线不规则,将无法精确测量其厚度。

(2)横断面的垂直度。如横断面不垂直于待测覆盖层平面,测量结果将大于真实厚度。例如垂直度偏差 10°,将产生 1.5% 的误差。

(3)覆盖层变形。镶嵌试样和制备横断面的过程中,过高的温度和压力会使硬度较软或者熔点较低的覆盖层产生有害变形;在制备脆性材料试样横断面时,过度研磨也会使覆盖层产生变形。

(4)覆盖层边缘倒角。如覆盖层横断面边缘存在倒角,采用横断面显微法测量,无法实现同时聚焦,真实厚度难以准确测量。

(5)浸蚀。适当的浸蚀能在覆盖层与基体间形成细而清晰的分界线,如浸蚀过度会使界面线不清晰或线条变宽,使测量结果产生误差。

对于两种反差较大的金属(如铜和银),在不浸蚀的情况下也能获得较为清晰的界面线,此时就不需要浸蚀,如浸蚀,则结果可能适得其反。

(6)放大倍率。测量误差一般随着放大倍率减小而增大。选择放大倍率时,应使显微镜视场宽度为覆盖层厚度的 1.5~3 倍。

(7)载物台测微计的校正。载物台测微计校正时的误差会直接反映到试样的测量结果中。标尺必须经过严密的校正或验证,否则会产生误差。常用的校准方法是以满标尺的长度为准确值,然后使用线性测微计测量每格长度,根据比例算出每格的刻度值。

(8)测微计目镜的校正。重复校正测微计目镜可以使误差下降到 1% 以下。校正载物台测微计的两条线的间距应在 0.2 μm 或 0.1% 中较大一个的范围内。有些测微计目镜图像放大具有非线性特征,因而即使短距离测量其误差也可达到 1%。

（9）对位。测微计目镜移动时的齿间游移也有可能会引起测量误差。为了消除这种误差，应保证在对位过程中准线最后移动始终朝同一方向进行。

（10）放大倍率的一致性。放大倍率在整个视野范围内不一致就会出现一定的误差，因此，要将待测界面置于光轴中心，并且在视野的同一位置进行校准和测量。

（11）目镜方位。目镜准线在对线移动的过程中，应保证与横断面覆盖层界面线始终保持垂直，否则误差比较大，例如偏离 10°，其误差可达到 1.5%。

6. 结果评定

按照相应产品技术条件或相关技术标准要求，对被测工件的测量结果进行评定。

7. 记录与报告

按相关技术标准要求，做好原始记录及检测报告的编制、审批。

7.1.4 横断面显微法测厚技术在电网设备中的应用

1. 隔离开关触头镀银层厚度检测

在电网金属监督中，隔离开关触头镀银层厚度的检测属于覆盖层厚度检测。一般情况下，采用带有镀银层测厚功能的手持式 X 射线荧光光谱仪来实施，也可采用台式 X 射线荧光光谱仪检测。当测量结果有异议需要仲裁试验时，常用横断面显微法测厚。

2022 年 5 月，在开展山东省某 110 kV 变电工程电网设备金属专项监督检测的过程中，对变压器中性点隔离开关触头进行镀银层厚度检测。

现场使用手持式 X 射线荧光分析仪进行检测，其结果如表 7 - 2 所示。

表 7 - 2 隔离开关触头镀银层厚度检测结果

	实测值 1/μm	实测值 2/μm	实测值 3/μm	平均值/μm
测点 1	18.989	18.229	18.032	18.417
测点 2	19.279	18.906	19.019	19.068
测点 3	18.467	18.109	18.853	18.476

根据标准 Q/GDW 11717—2017 第 9.2.3 条中规定"隔离开关和接地开关动、静触头接触部位应整体镀银，镀银层厚度应不小于 20 μm"，该检测结果不符合标准要求，需要退货、整改，设备制造厂家对此次检测结果存有异议，因此，依据《金属和氧化物覆盖层 厚度测量 显微镜法》（GB/T 6462—2005），采用横断面显微法，对该隔离开关触头镀银层厚度进行检测。

在实施检测之前，检测人员首先收集相关资料，例如基体材质、覆层材质、生产厂

家以及隔离开关触头编号等相关信息。在此基础上,其测量过程如下:

1)取样

选取中性点隔离开关触头较为平整的区域,采用手工锯的方式截取试样,然后使用锉刀、120 号砂纸去除边角毛刺。

2)镶嵌

由于热镶嵌法需要加热和加压,对铜、银等较软的金属有一定的影响,所以采用冷镶嵌法。

3)研磨

将镶嵌好的试样依次选用 180 号、240 号、320 号、500 号、600 号的砂纸进行研磨,每换一张砂纸需将试样旋转 90°,研磨过程中使用水润滑。

4)抛光

将研磨好的镶嵌试样轻轻置于金相抛光机上,抛光织物使用洁净的抛光绒布。抛光过程中,应当适量添加冷却水,避免覆层过热、氧化。抛光后使用无水乙醇冲洗表面,使用电吹风将试样表面吹干。

5)浸蚀

由于隔离开关触头的基体材质为铜,覆层材质为银,两种金属的反差比较大,所以不需要对试样进行浸蚀。

6)结果评定

将待检测面放置于光学金相显微镜下,将放大倍率调节为 100 倍,观察试样表面,确认没有可能影响检测结果的密集性划痕、麻点等。

将光学金相显微镜的放大倍率调节至 1 000 倍,选用的放大倍率满足视场宽度为镀银层厚度的 1.5～3 倍。

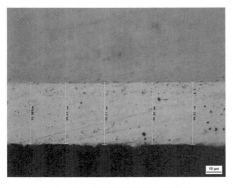

图 7 - 13　镀银层厚度测量结果

利用金相分析软件中内置的标尺(已校准合格)对镀银层厚度进行测量,调整标尺与两种金属的界面线保持垂直,在视场中随机选取 5 个点进行测量,测量结果如图 7 - 13 所示。

测量所得结果的 5 个数值分别为 39.78 μm、39.64 μm、40.51 μm、39.86 μm、40.65 μm,平均值为 40.09 μm,根据标准 Q/GDW 11717—2017,该隔离开关触头镀银层厚度符合要求。

经分析,现场使用的手持式 X 射线荧光分析仪 X 射线束的倾斜度发生偏移,且检测人员在实施检测前未对该仪器进行校准,导致现场测量结果与实际厚度值偏差较大,检测结论不正确。

7) 记录与报告

根据相关技术标准要求,做好原始记录及检测报告的编制、审批、签发等。

总结:通过以上案例应特别注意的是,检测人员在生产现场使用手持式 X 射线合金分析仪进行镀银层厚度检测时,应先按照相关要求对仪器进行校准。若检测结果不符合相关标准要求,不要盲目下结论,应在测量后立即再次对仪器进行校准。必要且条件允许时,宜将被检工件拆解并带回实验室,采用横断面显微法对现场检测结果进行复核,根据复核结果再做结论。

2. 地脚螺栓螺纹脱碳层厚度检测

2022 年 7 月,在开展山东省某 220 kV 输电线路工程电网设备金属专项监督检测的过程中,对地脚螺栓、螺母进行机械性能检测,每个供应商、每种规格的地脚螺栓、螺母抽样 3 套。采用横断面显微法对性能等级 8.8 级地脚螺栓螺纹的全脱碳层深度和未脱碳层高度进行检测。测厚根据《输电杆塔用地脚螺栓与螺母》(DL/T 1236—2021)表 10 规定"8.8 级地脚螺栓螺纹的全脱碳层深度 G 的最大值为 0.015 mm(即 15 μm),未脱碳层高度 E 最小值为 $1/2H_1$(mm)"及表 17 规定"8.8 级地脚螺栓在不同螺距时,最大实体条件下外螺纹的牙型高度 H_1 的对应值和部分脱碳层(不完全脱碳层)最小高度 E_{min} 的技术要求"。

在实施检测之前,检测人员首先收集相关资料,该地脚螺栓材质为 42CrMo,规格为 M64×2 600 mm,螺距为 6 mm。在此基础上,其操作流程如下:

(1) 取样。选取地脚螺栓螺纹部位进行线切割,截取试样。

(2) 镶嵌。采用热镶嵌法对试样进行镶嵌。

(3) 研磨。将镶嵌好的试样依次选用 180 号、240 号、320 号、500 号、600 号的砂纸进行研磨,每换一张砂纸需将试样旋转 90°,研磨过程中使用水润滑。

(4) 抛光。将研磨好的镶嵌试样轻轻置于金相抛光机上,抛光织物使用洁净的抛光绒布。抛光时适量添加冷却水,避免覆层过热、氧化。抛光后使用无水乙醇冲洗表面,使用电吹风将试样表面吹干。

(5) 浸蚀。使用敷料镊和脱脂棉,蘸取体积分数 2%硝酸酒精溶液,轻轻擦拭抛光后表面,浸蚀时间为 5~10 s。然后使用无水乙醇冲洗表面,使用电吹风将试样表面吹干。

(6) 结果评定。将检测面放置于光学金相显微镜下,放大倍率调节为 100 倍,观察试样的表面,确认没有可能影响检测结果的密集性划痕、麻点等。

将光学金相显微镜的放大倍率调节至 500 倍,如图 7 - 14、图 7 - 15 所示,利用金相分析软件中内置的标尺(已校准合格)对全脱碳层深度、总脱碳层深度进行测量,调整标尺与两种金属的界面线保持垂直,在视场中随机选取 5 个点进行测量。

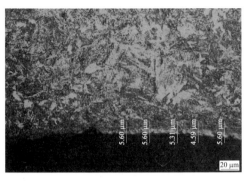

图 7 - 14　全脱碳层深度

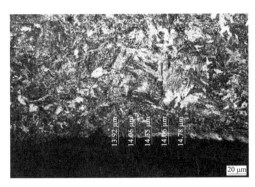

图 7 - 15　总脱碳层深度

测量所得全脱碳层深度为 $5.60\,\mu m$、$5.60\,\mu m$、$5.31\,\mu m$、$4.59\,\mu m$、$5.60\,\mu m$，平均值为 $5.34\,\mu m$。根据《输电杆塔用地脚螺栓与螺母》(DL/T 1236—2021)表 10 中规定，8.8 级地脚螺栓螺纹全脱碳层深度 G 的最大值为 $0.015\,mm$（即 $15\,\mu m$），该地脚螺栓螺纹全脱碳层深度符合要求。

测量所得总脱碳层深度为 $13.92\,\mu m$、$14.06\,\mu m$、$14.35\,\mu m$、$14.06\,\mu m$、$14.78\,\mu m$，平均值为 $14.23\,\mu m$。

由图 7 - 16 可知，E 等于 H_1 减去 G 与 2 区的深度之和。经计算得出，该地脚螺栓螺纹的未脱碳层高度 E 约为 $3.666\,mm$。已知该地脚螺栓螺距为 6，通过该标准表 17 可得 H_1 为 $3.680\,mm$，E 值（$1/2H_1$）为 $1.840\,mm$，该地脚螺栓螺纹的未脱碳层高度 E 符合要求。

（7）记录与报告。根据相关技术标准要求，做好原始记录及检测报告的编制、审批、签发等。

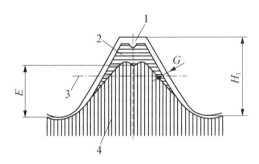

1—全脱碳层；2—不完全脱碳层；3—中径线；4—基体金属；E—螺纹未脱碳层的高度；G—螺纹全脱碳层的深度；H_1—最大实体条件下外螺纹的牙型高度。

图 7 - 16　地脚螺栓螺纹脱碳层

7.2　称量法测厚技术

前述章节已提到，称量法测厚技术是通过测量待测试件表面覆盖层的质量、面积、密度来计算其厚度的方法。对于钢铁基体上热浸镀锌等金属覆盖层来说，常采用特定溶液去除覆盖层的方式，通过测量溶解前后试件的质量来获得覆盖层质量。常见金属覆盖层密度见表 7 - 3。

表 7 - 3　常见金属覆盖层密度(g/cm³)

名称及代号	镀层或熔融液体成分	密度/(g/cm³)
纯锌镀层 Z	Zn 含量大于 99%	7.1~7.2
锌铁合金镀层 ZF	Fe 含量:8%~15%,其余为 Zn	7.1~7.2
锌铝合金镀层 ZA	Al 含量:5%,少量稀土元素,其余为 Zn	6.6
铝锌合金镀层 AZ	Al 含量:55%,Si 约 1.6%,其余为 Zn	3.8
纯铝镀层	Si 含量≤2.0%,Fe 含量≤2.5%,Zn 含量≤0.05%,其他杂质≤0.3%,其余为 Al	2.7(纯铝密度)
铝硅镀层	Si 含量:5%~11%,除 Fe 外其他杂质≤1%,其余为 Al	3.0
铝锌镁合金镀层	Al 含量:47%~57%;Mg 含量:1%~3%;Si 含量:1%~2%;其他杂质含量<1%;其余为 Zn	3.8

7.2.1　称量法测厚原理

热浸镀锌层具有附着力强、防腐性能好、使用寿命长等特点,是电网设备结构件如接地体、角钢、钢管构支架、钢芯铝绞线用钢线等最常见的防腐工艺之一。

对于接地、角钢、钢管等尺寸较大的结构件,镀锌层厚度要求与基体厚度相关,厚度测量常采用磁感应法测厚技术,对于钢芯铝绞线用镀锌钢线,由于尺寸过小,难以采用磁感应法测厚,常采用称量法测厚。

称量法测厚技术的原理公式为

$$d = \frac{m_1 - m_2}{\rho_{层}A} \times 10^6 \tag{7-8}$$

式中,d 为覆盖层的厚度(μm);m_1 为试件去除覆盖层前质量(g);m_2 为试件去除覆盖层后质量(g);A 为试件暴露的表面积(mm²);$\rho_{层}$ 为覆盖层的密度(g/cm³)。

对于尺寸较大的平板试件,其暴露的表面积 A 可以通过测量其边长(直径)来计算。对于镀锌钢丝,可以通过测量其(平均)直径 D 和长度 l 来计算,即 $A = \pi D l$。但钢丝可能因为弯曲等原因导致长度 l 测量存在较大误差,去除覆盖层后的直径 D 和质量 m_2 相对来说测量误差较小,可以结合钢丝密度 $\rho_{钢}$ 来替代计算,因此在镀锌钢线的镀层测量时通常不测量其长度,其计算原理如下:

$$m_2 = \frac{1}{4}\rho_{钢}\pi D^2 l \tag{7-9}$$

式中,$\rho_{钢}$ 为钢线的密度(g/cm³);D 为去除镀锌层后钢丝直径(mm);l 为钢丝长度

(mm)。

将式(7-9)代入式(7-8)可得

$$d = \frac{1}{4}\rho_{\text{钢}}D\frac{m_1 - m_2}{\rho_{\text{层}}m_2} \times 10^3 \qquad (7-10)$$

值得注意的是,在一般检测标准中,将 $\frac{1}{4}\rho_{\text{钢}} \times 10^3$ 写成常数,但不同标准在计算时对钢丝密度取值不同,一般取值在 $7.81 \sim 7.85\,\text{g/cm}^3$,所以,常数通常取值范围为 $1950 \sim 1960$。

7.2.2 称量法测厚设备及器材

称量法测厚仪器设备及器材主要有天平、溶解液、游标卡尺和其他一些必需的辅助器材等。

1. 天平

天平作为称重设备,用以称量去除镀层前后试样的质量,其最大量程和分辨率根据被测对象来选择。天平需要定期检验。

2. 溶解液

钢制试件表面镀锌层溶解液多为加入了缓蚀剂的酸性溶液,常用的有氯化锑盐酸溶液和环六亚甲基四胺盐酸溶液两种。

1) 氯化锑盐酸溶液

(1) 氯化锑溶液:将 $20\,\text{g}$ 二氧化锑或 $32\,\text{g}$ 三氯化锑溶解在 $1000\,\text{mL}$ 盐酸中(密度为 $1.16\,\text{g/mL} \sim 1.8\,\text{g/mL}$)。

(2) 盐酸(密度为 $1.16 \sim 1.8\,\text{g/mL}$)。

将 $5\,\text{mL}$ 溶液(1)加入 $100\,\text{mL}$ 溶液(2)中配置成锌层溶解液。

2) 环六亚甲基四胺盐酸溶液

用 $3.5\,\text{g}$ 环六亚甲基四胺 $[(CH_2)_6N_4]$ 溶于 $500\,\text{mL}$ 的浓盐酸(密度 $1.19\,\text{g/mL}$),用蒸馏水或去离子水稀释至 $1000\,\text{mL}$。

3. 游标卡尺

游标卡尺用于测量试样的边长或直径,用于计算试件暴露的表面积。对于平板试样,需要精确测量试样的长宽高等参数,对于钢丝需要测量去除镀层后的钢丝直径。

游标卡尺分为机械式和数显式,数字式游标卡尺精度为 $0.02\,\text{mm}$,数显式游标卡尺精度 $0.01\,\text{mm}$,量程按待检试样实际尺寸选择。

游标卡尺需要定期检验。

4. 辅助器材

辅助器材包括用于裁剪试样的老虎钳、钢丝锯等切割工具,用于盛放溶解液的容器,用于擦拭清洁试样的有机溶剂,以及用于记录环境温度、湿度的温度计和湿度计等。

7.2.3　称量法测厚通用工艺

称量法测厚的通用工艺是根据被测对象、测厚要求及相关测厚标准要求进行制定的,内容包括取样、预处理、称量、溶解、清洗、二次称重、测量尺寸、数据处理、结果评定、记录与报告等。

1. 取样

将待检工件按照相关标准裁切成符合要求的试样。由于要测量和计算表面积,一般裁切的试样为规则的形状,如方形、圆形,钢丝则需裁切成符合要求的长度。

注意:切取试样时要避免损伤试样表面。

2. 预处理

采用有机溶剂擦拭或浸泡待检试样,去除表面的油脂、粉尘、水迹等,并充分烘干。有机溶剂可以选择无水乙醇、四氯化碳、苯等。

如果钢板、钢带试样只测试单面镀锌层厚度,需采用特定方式如涂抹油漆、石蜡等封住非检测面。

3. 称量

将经过预处理的待检试件放在合适的天平上称重,记录此时的重量 m_1。

测量角钢等钢板试样时,可按照《输电线路铁塔制造技术条件》(GB/T 2694—2018)附录 D 要求进行试验,要求试样测试面积不小于 $100\ cm^2$,称重精度不低于镀锌层重量 1%。假设试样厚度为 $10\ mm$,双面镀锌,镀锌层单位面积质量不低于 $610\ g/m^2$,则试样质量约为 $7.8\times100/2\times1=390\ g$,镀锌层质量约 $610\times100\times10^{-4}=6.1\ g$。因此选择的天平量程应不低于 $390\ g$,分辨率不低于 $0.061\ g$。

测量镀锌钢线镀锌层厚度时,可按照《架空绞线用镀锌钢线》(GB/T 3428—2012)附录 B 要求进行试验,要求裁切的试样质量(g)不小于其直径(mm)的 4 倍,分辨率不低于 $0.01\ g$。常用镀锌钢线直径通常为 $1.5\sim5\ mm$,因此选择量程不低于 $20\ g$,分辨率不低于 $0.01\ g$ 的天平即可满足要求。

4. 溶解

将待检试件置入溶解液中,溶解液的用量为每平方厘米不少于 $10\ mL$,且试样应完全浸入溶解液。观察试样的析氢反应进度,析氢平缓无变化时作为反应结束终点。

5. 清洗

反应结束,立即将试样取出用流动的自来水冲洗,并用毛刷刷掉表面松软的附着物,然后将试样放入无水乙醇中,迅速取出干燥。

6. 二次称重

将清洗干燥后的试件放在合适的天平上称重,记录此时的重量 m_2。

7. 测量尺寸

测量试件暴露的表面积 A,精确到 1%。钢板、钢带试样直径或边长的测量至少精确到 $0.1\,mm$。钢丝试样在相互垂直的方向测两次,取其平均值,精确到 $0.01\,mm$。

8. 数据处理

根据测得的数据进行计算得到镀锌层单位面积质量或厚度的数值。

9. 结果评定

按照相应产品技术条件或相关技术标准要求,对被测工件的测量结果进行评定。

10. 记录与报告

根据相关技术标准要求,做好原始记录及检测报告的编制、审批、签发等。

7.2.4 称量法测厚技术在电网设备中的应用

钢芯铝绞线是高压输电线路常用导流载体,具有输送容量大、强度高、结构简单、架设及维护方便等特点。钢芯铝绞线由内部钢芯及外部铝绞线组成,钢芯主要起到承受拉力和重力作用,铝线主要用于传导电流。钢芯有单根和绞合两种形式,根据截面积不同目前电力系统内使用的钢芯铝绞线钢芯根数为 1、7、19 三种规格。

在长期户外服役运行过程中,雨水等腐蚀介质的渗入会导致内部钢线腐蚀减薄,导致钢线截面积减小、承载能力降低,严重时会发生断股、断线事故。因此严格控制内部钢芯镀锌层厚度至关重要。

由于钢线直径较小,直径通常为 $1.5 \sim 5\,mm$,采用涡流法厚度测量、磁感应法厚度测量等无损检测手段测量镀锌层厚度存在很大误差,通常先测量镀锌层质量,然后根据镀锌层密度换算厚度。根据《架空绞线用镀锌钢线》(GB/T 3428—2012)要求,镀锌层质量可用气体容积法或重(称)量法测定,仲裁法为重(称)量法,质量要求如表 7-4 所示。

表 7-4 镀锌钢线镀锌层质量要求

标称直径 D/mm		镀锌层单位面积质量 M 最小值/(g/m^2)		镀锌层厚度 d/μm	
大于	小于及等于	A 级	B 级	A 级	B 级
1.24	1.50	185	370	26	51
1.50	1.75	200	400	28	56
1.75	2.25	215	430	30	60

(续表)

标称直径 D/mm		镀锌层单位面积质量 M 最小值/(g/m²)		镀锌层厚度 d/μm	
大于	小于及等于	A 级	B 级	A 级	B 级
2.25	3.00	230	460	32	64
3.00	3.50	245	490	34	68
3.50	4.25	260	520	36	72
4.25	4.75	275	550	38	76
4.75	5.50	290	580	40	81

注：镀锌层密度 ρ 取 7.2 g/cm³。

2022 年 6 月 22 日至 27 日，江苏省抽检某物资库钢芯铝绞线，规格为 JL/G1A - 400/35 - 48/7，由型号可知，该钢芯铝绞线由 48 根 L 型硬铝线及 7 根 A 级镀锌层 1 级强度镀锌钢线绞制而成，硬铝线标称截面积为 400 mm²，钢线标称截面积为 35 mm²，铝线单线标称直径为 3.22 mm，钢线单线标称直径为 2.50 mm。依据《导、地线采购标准　第 1 部分：通用技术规范》(Q/GDW 13236.1—2019)、《导、地线采购标准　第 2 部分：钢芯铝绞线专用技术规范》(Q/GDW 13236.2—2019)、GB/T 3428—2012 等标准对该钢芯铝绞线开展检测，镀锌层厚度(质量)测试采用称量法。

1. 检测前的准备

(1) 样品确认。物资抽检采用盲样方式，接收样品时需确认样品盲样号是否清晰、外观质量是否符合要求，且不能出现任何制造厂家标识。

(2) 样品接收。样品确认后，贴上待检标签，进入检测环节。

(3) 制样。从镀锌钢线上截取一个试件，试件质量(以 g 计算)应不小于其直径(以 mm 计算)的 4 倍。

2. 称量设备及器材

(1) 电子天平。FA2204B 型电子天平，量程为 0～220 g，分辨率为 0.1 mg。

(2) 千分尺。广陆 211 - 101F 型千分尺，量程为 0～25 mm，分辨率为 0.001 mm，示值误差≤±2 μm。

(3) 试剂。

① 氯化锑溶液。将 20 g 二氧化锑或 32 g 三氯化锑溶解在 1000 mL 盐酸中(密度为 1.16～1.8 g/mL)，配置成氯化锑溶液。

② 盐酸。密度为 1.16～1.8 g/mL。

③ 试剂。将 5 mL 溶液①加入 100 mL 溶液②中配置成锌层溶解液，即配置成本次试验所用的溶解试剂。

也可以使用以下方法配置的溶液来替代试剂③：用 3.5 g 环六亚甲基四胺 $(CH_2)_6N_4$ 溶于 500 mL 的浓盐酸（密度为 1.19 g/mL），用蒸馏水或去离子水稀释至 1 000 mL。

（4）辅助器材。老虎钳、无水乙醇、试管、温湿度计等。

3. 称量实施

（1）将待测试样用无水乙醇清洗，去除油污、粉尘、水迹等，然后用干净的软布擦拭干净或烘干。

（2）经清洗后的试件使用电子天平测量质量 m_1，精确到 0.01 g。

（3）一次测定需要 100 mL 锌层溶解液，注入直径 50 mm、深 150 mm 的玻璃容器中。将试件完全浸入适量的锌层溶解液中以去除锌层，锌层溶解液的温度应始终不超过 40℃。每次浸入锌层溶解液的试件数目不应超过 3 个。

（4）镀锌钢线试件上激烈的化学反应一停止，立即将试件取出，用流动的清水彻底清洗并擦干。

（5）用千分尺在相互垂直的方向上测量两次直径，取平均值作为钢线的直径 D，修约至 0.01 mm。

（6）用天平称量去除锌层后的试件重量 m_2，精确到 0.01 g。

4. 结果评定

镀锌钢线检测前后实物图如图 7-17 所示，称量结果如表 7-5 所示。

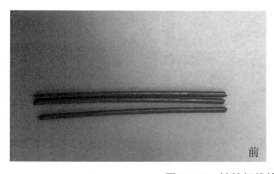 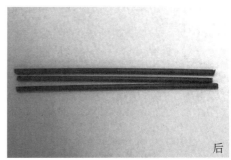

前　　　　　　　　　　　　　　　　后

图 7-17　镀锌钢线检测前后实物图

表 7-5　称量结果值

原始质量 m_1/g	去除镀锌层后质量 m_2/g	直径 D_1/mm	直径 D_2/mm	平均直径 D/mm
11.80	11.15	2.44	2.44	2.44

镀锌钢线单位面积上的镀锌层质量 M（单位 g/m²），可以用以下公式计算：

$$M = \frac{m_1 - m_2}{m_2} \times D \times 1\,950 = \frac{11.80 - 11.15}{11.15} \times 2.44 \times 1\,950$$

$$= 277\,\text{g/m}^2$$

需要注意的是,上述公式中的常数 1 950 是与钢线密度相关的一个常数,不同标准在做相关计算的时候对钢线密度取值不同,导致该常数略有偏差,如《钢产品镀锌层质量试验方法》(GB/T 1839—2008)中该常数取作 1 960,两者偏差 0.5% 左右,远低于试验误差。

镀锌层厚度 d(单位为 μm)用以下公式计算:

$$d = \frac{M}{\rho} = \frac{277}{7.2} = 38\,\mu\text{m}$$

经检测,该钢线单位面积上镀锌层质量和镀锌层厚度均满足标准要求。

5. 记录与报告

根据相关技术标准要求,做好原始记录及检测报告的编制、审批、签发等。

参 考 文 献

［1］高新华,宋武元,邓赛文,等.实用 X 射线光谱分析［M］.北京:化学工业出版社,2017.

［2］刘崇华,黄宗平.光谱分析仪器使用与维护［M］.北京:化学工业出版社,2010.

［3］骆国防.电网设备金属材料检测技术基础［M］.上海:上海交通大学出版社,2020.

［4］骆国防.电网设备金属检测实用技术［M］.北京:中国电力出版社,2019.

［5］骆国防.电网设备超声检测技术与应用［M］.上海:上海交通大学出版社,2021.

［6］骆国防.电网设备射线检测技术与应用［M］.上海:上海交通大学出版社,2022.

［7］国网浙江省电力公司.电网设备金属金属监督检测技术［M］.中国电力出版社.2016.

［8］王海峰.电磁超声检测在工程测厚中的应用［J］.工业设计,2016(6):162-164.

［9］刘永强,杨世锡,甘春标.一种基于激光超声的薄层金属材料厚度检测方法研究［J］.振动与冲击,2018,37(12):147.

［10］胡平,艾琳,邱梓妍,等.金属增材制造构件的激光超声检测:研究进展［J］.中国激光,2022,49(14):1402001.

［11］李苏原.激光超声非接触式高温金属厚度检测技术研究［D］.南京:南京航空航天大学.2019.

［12］吴瑞.基于激光超声的表面微裂纹检测技术研究［D］.太原:中北大学,2020.

［13］张淑仪.激光超声与材料无损评价［J］.应用声学,1992,11(4):1-6.

［14］刘伟.基于双波混合干涉的激光超声检测系统的研究与应用［D］.南昌:南昌航空大学,2010.

［15］周传德.机械工程测试技术［M］.重庆:重庆大学出版社,2014.

［16］周四春,刘晓辉,曾国强等.X 射线荧光勘查技术及其在地质找矿中的应用［M］.北京:科学出版社,2020.

［17］郑晖,林树青.超声检测［M］.北京:中国劳动社会保障出版社,2010.

［18］张俊杰.基于嵌入式系统的磁法涂层测厚仪的研制［D］.哈尔滨:哈尔滨理工大学,2008.

［19］陈凯.利用霍尔芯片测量涂层厚度方法的研究［D］.厦门:厦门大学,2018.

［20］姜云轩.基于时频分析的超薄材料超声共振精确测厚系统［D］.成都:电子科技大学,2014.

[21] 葛利玲.光学金相显微技术[M].北京:冶金工业出版社,2017.

[22] 胡义祥.金相检验实用技术[M].北京:机械工业出版社,2012.

[23] 徐可北,周俊华.涡流检测[M].北京:机械工业出版社,2009.

[24] 陈红.基于 Ansoft Maxwell 3D 的电磁场分析与计算[J].宁波大学学报(理工版),2012, 25(4):107-110.

[25] 张博.金相检验[M].北京:机械工业出版社,2018.

[26] 刘振作.磁性涂镀层测厚仪技术现状与展望[J].上海涂料,2002(4):34-35,37.

[27] 彭雪莲.磁性法和电涡流法测厚仪的特点及其应用[J].表面技术,2005,33(6):80-82.

[28] 林俊明,曲民兴,李同滨.低频电磁/涡流无损检测技术的研究[J].无损探伤,2002,26(1): 30-32.

[29] 陈稷.太赫兹波及光学过程层析成像技术研究[D].杭州:浙江大学,2005.

[30] 张量,张中浩,刘建军,等.太赫兹波在绝缘材料测厚中的应用[J].高压电器,2020,56(5): 175-181.

[31] 张平,钟舜聪,张秋坤,等.热障涂层折射率与厚度的太赫兹无损检测[J].机械工程学报, 2021,57(20):47-56.

[32] 林玉华,何明霞,赖慧彬,等.太赫兹脉冲光谱法测量微米级多层油漆涂层厚度技术[J].光 谱学与光谱分析,2017,37(11):3332-3337.

[33] 李宗亮.基于太赫兹技术的先进陶瓷纤维复合材料无损检测研究[D].秦皇岛市:燕山大 学,2021.

[34] 曹丙花,王伟,范孟豹,等.基于波长选择的纸页厚度太赫兹时域光谱检测新方法[J].光谱 学与光谱分析,2018,38(9):2720-2724.

[35] 全国钢标准技术委员会.GB/T 224—2019 钢的脱碳层深度测定法[S].北京:中国标准 出版社,2019.

[36] 全国金属与非金属覆盖层标准化技术委员会.GB/T 4957—2003 非磁性基体金属上非 导电覆盖层:覆盖层厚度测量:涡流法[S].北京:中国标准出版社,2003.

[37] 全国金属与非金属覆盖层标准化技术委员会.GB/T 4956—2003 磁性基体上非磁性覆 盖层:覆盖层厚度测量:磁性法[S].北京:中国标准出版社,2004.

[38] 全国无损检测标准化技术委员会.GB/T 11344—2021 无损检测:超声测厚[S].北京:中 国标准出版社,2021.

[39] 全国锅炉压力容器标准化技术委员会.NB/T 47013—2015 承压设备无损检测[S].北 京:新华出版社,2015.

[40] 全国无损检测标准化技术委员会.GB/T 40730—2021 无损检测:电磁超声脉冲回波式 测厚方法[S].北京:中国标准出版社,2021.10.

[41] 全国金属与非金属覆盖层标准化技术委员会.GB/T 6462—2005 金属和氧化物覆盖层: 厚度测量:显微镜法[S].北京:中国标准出版社,2005.

[42] 王杜.金属薄板的超声兰姆波无损检测[D].武汉:武汉科技大学,2007.

[43] 徐志辉,林莉,李喜孟,等. 材料薄层超声无损测厚方法评述[J]. 理化检验(物理分册),2004,40(8):407-414.

[44] 盛凯,陶丽梅,殷红梅. 超声相控阵在钢丝压延机测厚系统中的应用研究[J]. 橡胶工业,2009,56(8):503-505.

索　引